algebre de Viette

Commenté par

vaulezard

Quarte cinquante

à conserver

INTRODVCTION

EN L'ART ANALYTIC,

OV NOVVELLE ALGEBRE

DE FRANÇOIS VIETE.

OEVVRE DANS LEQVEL SONT *veus les plus miraculeux effects des sciences Mathematiques, pour l'inuention & solution, tant des Problemes, que Theoremes, proposez en icelles.* 2993

TRADVIT EN NOSTRE LANGVE, & commenté & illustré d'exemples par I. L. Sieur DE VAV-LEZARD Mathematicien.

A PARIS.

Chez IVLIAN IACQVIN en la Cour du Palais, au bas des degrez de la Saincte Chappelle,

M. DC. XXX.

AVEC PERMISSION.

A
MONSIEVR VAVTIER,
CONSEILLER ET PREMIER
MEDECIN DE LA REYNE
Mere du Roy.

M ONSIEVR,
Ce qui donne de si grands
aduantages aux siecles passés,
& qui diminuë si fort tous
ceux de celuy-cy ; n'est rien
autre que le peu de soin que l'on prend à conser-
uer les bons liures, & à destruire ceux qui ne
sont pas de cete nature ; Si les Loix reme-
dioient à ce desordre ; les œutres de ces grands
hommes, dont nous deuons honorer les cen-
dres, nous restabliroient le cōmerce des sciences, & peut-estre les porterions nous à vn
plus haut poinct que nos Peres. Cete conside-

ration m'a fait naiſtre le deſſein de rendre
communs, & cognoiſſables les eſcrits de celuy
de qui les Mathematiques tiennent la gloire
qu'elles poſſedent; A peine cognoiſt-on au-
iourd'huy de Viete que le nom; le temps en a
deſrobé la plus-part des liures, & les plus
grandes Biblioteques en ſeroient tout a fait
degarnies; ſi les Anges tutelaires des ſciences
n'en auoient heureuſement conſerué quelques-
vns. Dans le choix des hommes qui en peuſſent
eſtre les plus fideles iuges, ie n'en pouuois demander l'aprobation qu'à celuy qui la poſſe-
de; & dont les plus ſçauans hommes conſul-
tent les ſentimens; C'eſt à vous, MONSIEVR,
qui cognoiſſez & aimez les bons liures à qui
ce grand homme s'adreſſe, il ſe preſente de-
uant vous pour vous demander que ſon
nom ſoit authoriſé du voſtre. L'aplaudiſ-
ſement de voſtre vertu eſt trop puiſſamment
eſtablie, pour ne le pas crediter : toutes les
parties des ſciences vous ſont trop familieres:
les œuures de l'Autheur trop cogneuës, pour
ne pas en eſtimer le point. Mon mauuais

ſtile derogeroit à ma reputation ſi i'entrepre-
noū voſtre eloge ; & ſi ie voulois precher icy
le poinct, ou la gloire d'vn ſi long & heureux
exercice d'vne tres-grande charge vous à
eſleué ; ie me contenteray de dire ;

    Cœpiſti quo finis erat primordia vitæ,
    Vix pauci meruere ſenes.

Et que ſi la nature ne ma point interdit la
cognoiſſance des habiles hommes ; ie n'en ay
trouué pas vn à qui ie peuſſe ſi raiſonnable-
ment faire cete offre ; L'intereſt des Mathematiques me fait eſperer que vous en eſ-
pouſerez la protection ; & dans l'obligation
d'vn ſi grand honneur ; ie viuray impatient
apres le deſir de vous teſmoigner que ie ſuis
veritablement,

Voſtre tres-affectionné ſeruiteur
I. L. DE VAV-LEZARD.

ADVERTISSEMENT
au Lecteur.

AM y Lecteur, Ie ne veux point m'excuser d'a-
uoir mis au iour cete traduction pour satisfaire à
l'importunité des prieres de mes amys, comme vn tas
d'autres, qui pour donner plus de vogue à leurs escrits
repaisent les lecteurs de ces fadaises; Ie te diray simplement que mon intention a esté seulement pour
profiter au public, & pour l'vtilité de ceux qui desi-
rent faire quelque progrez aux sciences Mathematiques, joinct aussi qu'ayant dés long-temps feuïlleté
les œuures de nostre Autheur, i'ay consideré que plusieurs ignorans viennent souuent à mepriser cete diui-
ne partie des Mathematiques, pour n'entendre le sens
& les termes d'iceluy. C'est ce qui ma principalement
prouoqué à cete traductió, laquelle ie ne me suis vou-
lu astraindre aux mots; Ains seulement au suiet d'iceluy, le texte du mesme Autheur est de lettre Italienne,
& mes commentaires en lettre Romaine, au bas de
chacun des textes qui demandent explication, j'ex-
pose donc cecy en auant pour en attendre ton iuge-
ment; Que si ie voy que tu aye agreable cete traduction icy, tu la verras suiuie des Zetetiques, & de la
correction des equations du mesme Autheur. Reçoy
donc ce que ie t'offre, fais-en jugement sans passion,
corrige ce que tu verras y exceder ou defaillir, & ex-
cuse, considerant qu'en chose de si excellente conce-
ption la difficulté est de mieux faire : A D I E V.

INTRODVCTION
EN L'ART ANALYTIC,
ou nouuelle Algebre.

De la definition & diuision de l'Analytique, & des choses aydans au
Zetetique.

CHAPITRE I.

IL y a vne voye aux Mathematiques [a] pour enquerir & rechercher
la verité, laquelle est dite auoir esté
premierement trouueé par Platon, & par
Theon appellée [b] Analyse ; & d'icelles de-
finies [c] l'Assumption du requis comme concedé, par les consequences au vray concedé.
Comme au contraire [d] le Sinthese, l'Assumption du concedé par les consequences tirées
de la fin & comprehension du requis. Et bien
que les anciens ayent seulement proposé deux

eſpeces d'Analytique, ſçauoir ζητητικὴν ϗ πο-
ριστικήν, auſquelles conuient tres bien la deffinition de Theon, j'en ay toutesfois conſtitué
vne troiſieſme eſpece conuenable à icelles; laquelle ſera dite ῥητικὴ ἢ ἐξηγητικὴ, comme e-
ſtant le Zetetique, celuy par lequel eſt trouuée l'egalité ou proportion de la grandeur requiſe, auec celles qui ſont données. Le Poriſtique, par lequel eſt enquis de la verité du
Theoreme ordonné, par l'egalité ou proportiõ
l'Exegetique, par lequel eſt exibée la meſme
grandeur dont eſt queſtion, par l'egalité ou
proportion ordonnée. Et ainſi tout l'art Analytique s'atribuant ce triple office ſera defini,
la doctrine de bien trouuer aux Mathematiques. Et certes auſſi le Zetetique a cela de
propre, qu'il eſt inſtitué ſelon les preceptes de
la Logique, par ſylogiſmes & Enthymemes,
deſquels les fondemens ſont tant les meſmes
que ceux par leſquels ϛ au ſymbole ſont con-
clues les egalitez & proportiõs que ceux qui
doiuent eſtre tirez des communes notions
ϛ la forme de commencer le Zetetique eſt

par l'art propre : non pas en exerçant sa Logique par les nombres qui est cause du peu de fruit que lon tire des Analytiques des anciens ; mais bien par le Logistique soubs des especes nouuellement trouuees , lequel est beaucoup plus heureux & excellent pour comparer les grandeurs que le numerique, estant premierement proposé h la Loy des Homogenes, & en apres cõstitué k l'ordre ou eschelle faite des grandeurs ascendentes & descendantes de leur propre puissance , par laquelle les degrez & genres d'icelles sont designez ou distinguez par comparaison.

ᵃ Pour enquerir & examiner la verité des Theoremes, & donner la solution des problemes, ensemble la chose requise par iceux en choses Mathematiques.

ᵇ *Analyse.* C'est à dire resolution comme venant de αναλύω, resoudre.

ᶜ *Assumption.* Inuention ou recherche de la grandeur, ou grandeurs requises, comme estant concedées par le moyen des conditiõs, suiuant lesquelles les choses requises ont raport & correspondãce auec la grandeur ou grandeurs concedées, données & cogneuës.

Bien que cete deffinition soit suffisamment expliquée, par le moyen de ce que nous auons dit : neantmoins il ne sera mauuais de l'examplifier, pour faire toucher au doigt le subjet de l'Analytique, comme

auſſi le moyen deſquels elle ſe ſert pour paruenir à
ſa fin ; car nous eſcriuons ces commentaires ſeule-
ment pour les rudes & moins verſez en cete partie
de Mathematique; & non pour les doctes & con-
ſommez en icelle : L'exemple ſera tel. Qu'il ſoit propoſé de trouuer deux grandeurs, deſquelles la dife-
rence ou l'excez de la majeure ſur la moindre ſoit la
grandeur B, & que la
raiſon de la moindre à la
majeure ſoit comme la
grandeur D, à la gran-

B 12. D 2. F. 3.

deur B. Or cecy depend de la puiſſance de l'Analytique , la deffihition de laquelle ſe raporte ainſi aux
choſes propoſées , les grandeurs concedées ou données ſont B, D, F: les requiſes ſont ces deux grandeurs, leſquelles la propoſition veut eſtre differentes
de la grandeur B, & que la moindre ſoit à la majeure
comme D, à F ; & les conditions ou conſequences
que les choſes requiſes ont auec les données, ſont qu'il
faut que les grandeurs requiſes ſoient en raiſon comme D à F, & que leur difference ſoit B. La fin & le but
de l'Analytique eſt d'exiber la meſme grandeur dont
il eſt queſtion ; pourquoy faire elle eſt conſiderée
auoir ſous ſoy trois eſpeces, deſquelles elle ſe ſert
pour paruenir à cete fin, la premiere deſquelles eſt dite ζητητική de ζητέω, qui ſignifie chercher, & pource elle eſt deffinie, l'inuention de l'egalité ou proportion , de la grandeur requiſe auec la grandeur , ou
grandeurs données: la 2. ποριστική de μείζω, col-
liger, comparer, examiner, l'office deſquelles eſt in-
diquée par ſon nom, ſçauoir, qu'elle enquert & exa-
mine la verité du Theoreme ordonnée par l'egalité
& proportion ; & la 3. ῥητική ἢ ἐξηγητική de ῥέω, di-

ce, expliquer, & ἐξηγέομαι expliquer, intérpreter, &
auſſi eſt-ce celle, par laquelle eſt exibée & interpretée
la meſme grandeur dont eſt queſtion, par l'egalité ou
proportion ordonnée : Et ces trois eſpeces ont leur
office diſtinct & ſeparé, & ſuccedent les vnes aux autres, comme au Zetetique, qui eſt le premier exerçant
ſon office afin de trouuer l'egalité de la choſe requiſe
auec la donnée, ſuccede le Poriſtique, pour examiner
& tenter ſi les Theoremes & conſequences trouuées
par le Zetetique ſont veritables ; & à celui-cy l'Exegetique, lequel par l'egalité & proportion trouuée par
le Zetetique, & confirmée par le Poriſtique, exibe
& dóne la meſme grandeur dont eſt queſtion. Quant
eſt des moyens, que ces eſpeces vſent pour accomplir
leur office, il faut voir les 5. 6. & 7. chapitres ſuiuans.

   ᵈ *ſintheſe* de συντίθημι, qui ſignifie compoſer.
Voiez le chapitre 6.

   ᵉ *Triple office.* Sçauoir de trouuer l'egalité &
proportion de la choſe requiſe auec la donnée : examiner cete egalité & proportion ; & d'exiber la choſe
requiſe ; pour autant qu'és choſes Mathematiques la
cognoiſſance de la choſe incogneuë ne peut eſtre
donnée, que ces trois moyens n'ayent exercé leur
puiſſance.

   ᶠ Au ſymbole, chapitre ſuiuant.

   ᵍ *La forme* L'vtilité que lon tire de cete nouuelle
Algebre, eſt admirable, au reſpect de la confuſion,
de laquelle ſont farſies les Algebres des anciens, tant
pour-ce qu'ils confondoient les genres des grandeurs,
adjouſtant les lignes auec les plans, le quarré auec ſon
coſté, &c. qu'à cauſe qu'ils exerçoient & faiſoient les
operations de leurs Algebres par les nombres ; c'eſt
pourquoy de ces Algebres ne peut eſtre tiré nul Theo-

reme ny folution generale pour toute propofition
femblable à celle dont elle doit eftre tirée, comme
il fe fait en celle-cy nouuellemét inftituée, de laquelle les ratiocinations & operations fe font foubs des
efpeces.

h *La Loy des Homogenes.* Par le chapitre fuiuant.
k *L'ordre ou efchelle.* Par le chapitre 3. fuiuant.

DV SYMBOLE DES
egalitez & proportions.

CHAPITRE II.

*Le fymbole des egalitez & proportions les
plus cogneuës, lefquelles l'Analytique tire des
elemens d'Euclide, font ceux-cy.*

1   *Le tout eft plus grand que fa partie.*

Euclide liure premier 9 commune fent.

2   *Les chofes egales à une mefme font egales entr'elles.*

1. Commune fent. 1. d'Eucl.

3   *Si à chofes egales font adjouftées chofes
egales, les tous font egaux.*

2. Com. fent. 1. d'Eucl.

4   *Si de chofes egales font fouftraites chofes egales, les reftes font egaux.*

3. Com. fent. 1. d'Eucl.

5 *Si choses egales sont multipliées par choses egales ; les produicts seront egaux.*

Cecy est tiré de la premiere propop.6.17.& 18.du 7 d'Eucl. Car si les choses sont contenuës soubs vne mesme grandeur, (ou deux grandeurs egales qui est le mesme ;) & deux autres grandeurs, sont en mesme raison que ces mesmes grandeurs; il s'ensuit que ces grandeurs estans egales, aussi les produits seront egaux.

6 *Si choses egales sont diuisées par choses egales ; les quotians ou engendrez d'icelles diuisions seront egaux.*

Ce symbole est le conuerse du precedent, dautant que la diuision est la resolution de la multiplication, & la multiplication la restitution de cela dequoy la quantité diuisée auoit esté priuée par la diuision; car le diuiseur multiplié par le quotiant restituë le nombre diuisé, comme 36 diuiser par 4 donne pour quotiant 9, & 9 multiplié par 4 restituë le mesme 36, quantité qui estoit diuisée. Donc si le commun diuiseur ou les egaux, sont pris pour les multiplicateurs, & les quotians pour multipliez, les nombres diuisez lesquels sont produits de chacune de ces multiplications, seront entr'eux comme les multipliez ou quotians; mais ces nombres diuisez sont egaux ; & partant aussi les quotians seront egaux.

7 *Les quantitez proportionnées directement, le sont aussi alternement & inuersement.*

Par la 16. du 5. & 13. du 7. d'Eucl. les grandeurs
proport. directement sont aussi proport. alternement:
quant est qu'elles soient proport. inuersement, il est
euident par la 7. deff. 5 ; car dautant que les grandeurs
sont proport. directement, la premiere est à la 2 comme la 3, à la 4, par consequent la 4, à la 3, comme la 2,
à la 1 ; & partant icelles seront proport. inuersement.

**8 *Si aux grandeurs proport. semblables,
sont adjoustées des grandeurs proportionnelles semblables, les toutes seront proportionnelles.***

Par ces mots proportionnelles semblables, doit
estre entendu que tant les grandeurs proportiõelles,
à adjouster que celles ausquelles doiuent estre faites
les aditiõs, doiuent estre disposées d'vn mesme ordre,
& en raison semblable, & l'adition faite des termes
Homologues ensemble ; sçauoir, l'antecedent à l'antecedent, le consequent au consequent, comme par
exẽple, les grandeurs proportiõelles ausquelles doit
estre faite l'adition
soient A, B, C, D,
& celles à adjouster
E, F, G, H, il faut
que A soit à B, com-
me E à F ; & C à D,
comme G à H, &
que E soit adjousté à A ; F à B : & alors cela est mani-
feste que A E B F, C G & D H, seront proportionnelles, & de plus semblables, tant à celles ausquelles
est faite l'adition, qu'aux adjoustez.

A 2. B 3. C 4. D 6.
E 6. F 9. G 8. H 12.
I 8. K 12. L 12. M 20.

9 *Si des grandeurs proportionnelles semblables, font souftraites des grandeurs proport. semblables; les reftez feront proportionnaux.*

L'ordre cy-deffus doit eftre gardé en cete fouftraction, & les grandeurs à fouftraire fouftraites de leurs Homologues ou femblables. Quant eft de la verité de ce fymbole, la demonftration depend de la 1. & 18. p. 5. d'Eucl.

10 *Si les grandeurs proport. font multipliées par des grandeurs proport. les produits feront proportionnaux.*

Si les grandeurs proportionnelles font multipliées par des grandeurs proportionnelles, la premiere de celles-là, par la premiere de celles-cy la 2, par la 2, fçauoir tousjours l'antecedent par l'antecedent, & le confequent par le confequent; foit que la raifon des multipliées foit femblable à celle des multipliätes, ou non: les produits pris felon l'ordre des multiplications feront auffi proportionnaux. Ainfi A, B, C, D, foient quatre grandeurs proportionnelles & E, F, G, H, auffi, & que A multiplié par E face I; B par F, H: C par G, L; & D, par H,

$$A\,2.\ B\,\text{\textbullet}\ C\,4.\ D\,6.$$
$$E\,1.\ F\,2.\ G\,4.\ H\,8.$$
$$I\,2.\ K\,6.\ L\,16.\ M\,48.$$

la grandeur M; je dis qu'icelles grandeurs produites I, K, L, M, font auffi proportionnelles: car par vne confequence tirée de la 23. prop. du 6. d'Eucl. Le rectangle de A & E, c'eft à dire, leur produit qui eft I,

C

eſt au produit ou rectangle de B, F, qui eſt K, en raiſon compoſée de la raiſon de A à B, & de celle de E à
F. Pareillement & pour la meſme raiſon L eſt à M, en
raiſon compoſée de la raiſon de C à D, & de celle de
G à H : Or la raiſon compoſee de C à D, & de celle
de G à H, eſt meſme que la raiſon compoſée de A à B
& de E à F, par la 2. com. ſent. du 1. d'Euclide: carla raiſon de A à B, eſt egale à la raiſon de C à D; & celle de
E à F, à celle de G à H; & partât la raiſon de I à K, egale
à la raiſon de L à M, comme eſtâs egales à vne meſme
par. 11. p. 5. & proport. par la 7. deff. du meſme 5. d'Eucl.

11   *Si les grandeurs proportionnelles ſont*
diuiſées par des grandeurs proportionnelles;
les quotians ſeront proportionnaux.

Cete diuiſion doit eſtre faite en pareil ordre que
la multiplication au ſymbole precedent : celui-cy
eſtant le conuerſe de cetui-là. Et faut noter, que les
proportionnelles diuiſées eſtant ſemblables aux proportionnelles diuiſantes; les engendrés de cete aplication ou diuiſion ſeront proport. en raiſon degali-
té; & par conſequent s'ils eſtoient continuellement
prop. tous les quotians ſeroient auſſi egaux.

12   *La raiſon ny l'egalité n'eſt changee par*
la multiplication ou diuiſion faite d'vn com-
mun multiplicateur ou diuiſeur.

C'eſt à dire, que les produits faits ſous quelques
grandeurs par vne commune, comme auſſi les quotians engendrés de l'amplification d'icelles à vne
commune, gardent touſjours entr'eux l'egalité des
multipliez ou appliquez, ou ſinon la proport. d'iceux

ce qui eſt euident de l'egalité par le 5. & 6. ſymbole
precedent. Quant à la raiſon cela eſt demonſtré en
la 17. p. 7. d'Eucl. & conuerſe d'icelle.

13   *Les rectangles ou produits faits ſoubs
vne grandeur, & les parties d'vn tout ; ſont
egaux au rectangle ſoubs cete meſme grandeur & le tout.*

    Cecy eſt euident par la p. du 2. d'Eucl.

14   *Les produits faits continuellement
ſoubs quelques grandeurs, ou ce qui eſt continuellement engendré par l'aplication d'vne
autre grandeur à icelles, ſont egaux ; en quelque ordre des grandeurs que ſoit faite la
multiplication ou aplication.*

    *Ce ſymbole eſt le fondement principal
des egalitez & proport. & ſe preſente preſque à tous moments aux Analytiques.*

    Les produits faits, &c. Par multiplication con-
tinuelle doit'eſtre entenduë la multiplication de toutes les grandeurs entr'elles, comme la multipl. des
3. grandeurs A, B, C, ſeroit de multiplier A par B,
& le produit enapres par C ; & lors le produit ſeroit
dit eſtre fait de la continuelle multiplication des 3.
grandeurs A, B, C, & ainſi des autres.

    Ou ce qui eſt fait par l'appl. &c. Cete application
c'eſt à dire, diuiſion continuelle ſe fait, quand la grandeur à appliquer eſt appliquée ſur vne des grandeurs,

puis l'engendre fur l'vne des reftantes & ainfi par ordre, & le quotiant ou engendré apres toutes ces applications eft dit engendré continuellement par l'application aux grandeurs: comme, fi B folide eftoit à appliquer continuellement fur D & F, lors fi B folide eftant appl. à D, fait où engendre H plan, & que H pl. appliqué fur F, face G, le mefme G fera dit engendré continuellement par l'appl. de B folide aux grandeurs D, F. Le mefme s'entendra de plus de deux grandeurs.

En quelque ordre des grandeurs, &c. Soit que la premiere foit multipliée par la 2. & leur produit par vne des reftantes & ainfi d'ordre, ou bien que la premiere ou 2. foit multipliee par la derniere ou vne des autres & le produit ainfi continuellement par les autres, les produits ainfi diuerfement faits feront tousjours egaux : comme, les produits continuels faits foubs les grandeurs B 4, D 6, F 8, en quelque façon qu'ils foient engendrés, font egaux, ainfi fi B eftant multiplié par D, le produit eft C, & C, multiplie par F, H; Ie dis que le produit continuel fait foubs les mefmes grandeurs, par quelque autre façon fera

B 4. D 6. F 8.
C 24. H 192.
G 48. K 192.

auffi egal à H, que cela foit il eft euident : car foit le produit continuel fait de D, par F, & de leur produit G, par B, foit à H, & foit ce produit K : or pourautãt que D, par B, produit C, & le mefme D, par F, G; C fera à G, comme B à F, par le 12. fymbole; & partant le produit de B, par G, egal au produit de F, par C, par le 12. fymbole fuiuant ce qu'il falloit demonftrer.

15   S'il y a trois ou quatre grandeurs, & que ce qui est fait soubs les extremes soit egal à ce qui est faict par la moyenne en soy ou soubs les moyennes; icelles grandeurs seront proportionnelles.

Et au contraire.

16   S'il y a trois ou quatre grandeurs & que la premiere soit à la 2. comme la 2. ou quelque troisieme à vne autre; ce qui est fait soubs les extremes sera egal à ce fait soubs la moyenne ou moyennes.

Donc la proportion peut-estre dite la constitution des egalitez: Egalité resolution de la proportion.

Donc la prop. &c. Pourautant que de la proport. par l'office de la multiplication naist l'egalité, sçauoir le quarré de la moyenne de 3: ou le produit des moyennes de quatre grandeurs proportionnelles, est fait egal au produit des extremes, par le symbole precedent; & partant constitueront vne egalité. L'egalité est dite reciproquement resolution de la proportion; car de deux rectangles egaux les costez de l'vn sont extremes de 3. ou 4. grandeurs proportionnelles, & le costé du quarré egal à l'autre, la moyenne de 3, ou les costés soubs lesquels iceluy est contenu, moiennes de 4. grandeurs proport. ainsi qu'il est facile d'inferer par les consequéces tirées de la 14. prop. du 6. d'Eucl.

DE LA LOY DES Homogenes, ensemble des genres & degrez des grandeurs comparées.

CHAPITRE III.

La premiere & perpetuelle Loy des egalitez & proport." laquelle pour estre conceuë & entenduë des Homogenes est prise pour Loy des Homogenes, est celle-cy.

1   *Les Homogenes soient comparés aux Homogenes.*

Car les choses Hetereogenes, en quelque façon qu'elles soient affectées a entr'elles, ne peuuent estre cogneuës, comme disoit Adraste.

* Comparées entr'elles selon la quantité ; dautant que la quãtité est la chose, par laquelle vne grandeur est dite majeure, mineure, ou egale au respect d'vne autre, ce qui ne peut aduenir aux Hetereogenes; car la ligne ne peut estre dite majeure, mineure ny egale à vne superficie, tant petite soit-elle, la superficie au solide; & partant ces grandeurs sont incommunicables à cause de leurs genres diuers.

2   Si vne grandeur est adioustée à vne grandeur ; celle-cy est Homogene à celle-là, & au tout.

Les grandeurs de mesme genre peuuent seules estre adjoustées ensemble ; pourautant qu'adjouster est augmenter vne grandeur de la quantité d'vne autre grandeur qui luy est adjoustée. Or vne grandeur ne peut adjouster à vne grandeur à elle Hetereogene, comme la ligne tant grande soit-elle ne peut augmenter la superficie ; car tant de lignes que lon voudra jointes & assemblées proches les vnes des autres, ne peuuét engendrer aucune largeur, ce qui est defaillát à la ligne pour la faire superficie: de mesme la superficie n'adjouste rien au solide, & partant les grandeurs ne peuuent estre jointes & adjoustées aux grandeurs à elles Hetereogenes. La mesme chose est des grandeurs à souftraire.

3   Si vne grandeur est souftraite d'vne grandeur ; ceste- cy est Homogene à celle-là, & au reste.

4   Si vne grandeur est multipliée par vne grandeur , ce qui est produit est Hetereogene à celle-cy, & à celle-là.

Cela est facile, si lon considere que la multiplication est la cause principale de la variation des genres en ascendant, comme la ligne multipliée par la ligne faict la superficie, la superficie par la ligne le solide; & par consequent chacune des grandeurs multipliantes, & multipliées est Hetereogene au produit.

Et faut noter, que les grandeurs, soient Homogenes ou Hetereogenes, se peuuent indiferemment multiplier entr'elles.

5   *Si une grandeur est appliquée à une grandeur ; celle cy est Hetereogene à celle-là.*

Tout ainsi que par la multiplication des grandeurs le produit obtient vn genre superieur au genre des multiplicateurs, de mesme par l'application qui est le contraire de la multiplication le genre de la grandeur engendrée de l'application deuient inferieur au genre de la grandeur appliquée. Faut noter neantmoins que le genre de la grandeur engendrée peut-estre ou Homogene ou Hetereogene au genre de la grandeur à laquelle est faite l'aplication.

La cause de l'obscurité des Analytiques des anciens, est qu'ils n'ont aucunement pris garde à ces genres, & n'ont entendu ces choses.

Les anciens qui ont traicté de l'Algebre sans acception des genres adjoustoient & soustraioient indiferemment toutes les grandeurs les vnes des autres, soit qu'elles fussent de mesme ou diuers genres, comme vne ligne auec vne superficie, vn quarré auec son costé, & ainsi qu'il se veoit en leurs algebres, ce qui leur empeschoit la clarté & facilité que lon tire de cete nouuelle Algebre pour l'inuention des problemes & Theoremes Geometriques.

6   *Les grandeurs, lesquelles de leur propre puissance montent ou descendent propor-*

tionnellement

tionnellement du genre au genre, sont appellées Scalaires.

La premiere des grandeurs Scalaires est,

1 Le costé, ou racine.
2 Q   ce qui s'explique,   Quarré.
3 C   Cube.
4 Q Q   Quarré de quarré, ou vn quarré
          multiplié par vn quarré.
5 Q C   Quarré en cube, ou quarré multiplié
          par vn cube, & au contraire.
6 C C   Cube en cube, cube multiplié par
          cube, ou le quarré d'vn cube.
7 Q Q C   Quarré de quarre en cube, c'est à
          dire multiplié par vn cube.
8 Q C C   Quarré en cube, en cube, ou quarré
          multiplié par vn cube, & le produit
          derechef par vn cube.
9 C C C   Cube en cube en cube, ou le cube
          d'vn cube.

Et ainsi du reste selon l'ordre & me-
thode de denommer.

La diuerse denomination des grandeurs Scalaires est tirée de la diuersité de leurs genres, lesquels
ascendent proport. par la multiplication continuelle
du costé ou racine par soy-mesme, comme la racine
ou costé multiplié par soy faict Q : le quarré par la
racine; Cube, &c. Tellement que la difference & ge-
nerique d'vne grandeur Scalaire à sa prochaine, est là
mesme racine ou coste, duquel elles sont engendrées;
car l'addition & soustractiō des gēres sont faites par la

multiplication & diuision ; comme l'vne d'icelles estant multipliée par le costé, le produit sera prochain superieur en genre à la grandeur multipliée : & si elle est diuisée par le costé, le quotiant sera prochain inferieur en genre à la grandeur diuisée. Les denominations des grandeurs Scalaires, tant de celles-cy deslus prescriptes, que de celles qui y sont obmises seront facilement trouuées, metant en memoire au prealable que nulle grandeur n'a pour denomination racine outre le plus inferieur degré de l'eschelle, mais que tous les autres degrez sont denômez ou de Quarré ou de Cube, ou de leurs composez ensemblement en apres que l'ordre de la grandeur à denommer indique sa denomination comme 2. de quarré, 3. de cube. Cela fait, faut venir à l'œuure, quand quelque degré ou grandeur Scalaire est proposée à denommer le nombre nombrant, l'ordre soit diuisé par 3. (sinon que le nombre fust moindre; car alors il seroit facile de trouuer la denomination par la table precedente) & si la diuision est faite sans reste, les vnitez du quotiant denoteront combien de fois cube deura estre repeté en la denomination : mais s'il reste quelque chose ce sera 1. ou 2. si 2. aux cubes de la denomination, sera preposé quarré, si 1. faudra oster vn des cubes de la denomination, & au lieu d'iceluy preposer aux restant quarré de quarré. Exemple, qu'il faut trouuer la denomination de la 11. grandeur Scalaire, je diuise 11. par 3. vient 4. qui me montrera que la denominatiô sera de quatre cubes multipliés entr'eux, c'est à dire cube en cube en cube en cube, & les caracteres signifient cete denominatiô C C C C. Autre exemple, qu'il soit requis de dôner la denomination de la 17. grãdeur Scalaire, ayant comme dessus diuisé 17. par 3. le quo-

tiant eſt 5. & reſte 2. C'eſt pourquoy les caracteres ir-
diquans la denomination ſeront C C C C C, à cauſe
du quotiant 5. & pour autant qu'il reſte 2. faudra leur
preparer Q, & lors Q C C C C C ſera les caracteres
conuenables à la 17. grandeur, de laquelle la denomination s'explique, quarré en cube en cube en cube en
cube en cube. Si c'eſtoit la 16. grandeur, dautant qu'il
ne reſteroit qu'vn & le quotiant; il faudroit d'iceluy
oſter 1. & le reſte 4. ſeroit le nombre des cubes repetés
en la denomination, leur prepoſant deux quarrés
ainſi Q Q C C C C. ce qui ſonne quarré en quarré
en cube en cube en cube en cube, & ainſi des autres.
Et faut noter que pour faciliter la denomination en
prononçant lon peut obmetre la diction en, comme
en la 16. grandeur, au lieu de dire comme deſſus il ſera
dit, quarré-quarré-cube-cube-cube-cube.

Ces grandeurs Scalaires deſquelles traite l'Auteur
ſont les meſmes que celles qui ſont appellées nombres Coſſiques, ou denômés par ceux qui ont cy-deuant traité de l'Algebre : Steuin les dit quantités,
quant à leur particuliere appellation, les vns comme
Nonius, Tartaglia, & autres appellent le coſté ou racine Coſe, les Italiens particulierement l'appellent
Res ou Coſa. D'autres luy ont donné le nom de racine, & Steuin celuy de premiere ou prime quantité.
Les autres degrés ont auſſi receu diuers noms ſelon la
diuerſité des auteurs, côme le quarré eſt dit cenſe par
Nonius, & le quarré-quarré, cenſe de cenſe : le quarré-cube, Relate premier, & Pelletier, & ceux leſquels
l'ont ſuiuy ont pris pour le quarré le nom de canſe:
pour le quarré-quarré, canſi canſe ; & le quarré-cube,
ſur ſolide. Or afin de ne tracer des lignes inutile-
ment je laiſſeray libre au Lecteur de voir les Autheurs

aleguez, & autres qui ont traité de l'Algebre, pour cete diuersité d'appellation de ces grandeurs Scalaires le diray seulement que l'explication des Scalaires de l'Autheur est fort differéte excepté au costé, quarré, cube & quarré-quarré, auec l'explication des denommez des autres Autheurs, pour autant que les denômez sont expliquez la puissance du premier caractere comme racine, prescripte par le dernier ou derniers, & les Scalaires de l'Auteur s'expliquent simplement par la multiplication continuelle des caracteres de leur denominatiô ; comme exemple aux nombres denômez ou colloques Q C, s'explique vn quarré-cubé, c'est à dire le cube d'vn quarré ; & aux Scalaires c'est vn quarré multiplié par vn cube : Tellement que si la racine estoit 2. aux nombres denommez, Q C vaudroit 64. & aux Scalaires seulement 32. la mesme obseruation peut estre faite aux autres.

Le Lecteur notera que l'Auteur n'a point prescript les caracteres cy-dessus, pour indiquer la denomination des grandeurs Scalaires, mais nous auons trouué bon de les mettre en auant pour cause de facilité, comme aussi les suiuans. Desquels nous vserons pour denômer les genres des grandeurs données, sans nous arrester à mettre la denomination tout au long, comme au lieu de mettre cube nous escrirons C, simplement au lieu de quarré-quarré Q Q, & ainsi des autres.

7   *Les genres des grandeurs comparees enoncés de l'ordre & vsage des Scalaires, sont,*

	Longueur ou largeur.
P,	plan.
S,	Solide.
P P,	Plan-plan.
P S,	Plan-Solide.
S S,	Solide-solide.
P P S,	Plan plan-Solide.
P S S,	Plan-Solide-solide.
S S S,	Solide-solide-solide.

Et ainsi des autres, obseruant l'ordre & methode de denommer.

Les mesmes choses qui ont esté dites des grandeurs ascendantes proport. quant est de la denomination des genres, doiuent estre entenduës icy, prenant la longueur, ou largeur pour costé; le plan pour quarré, & le solide pour cube.

8   *Le degré superieur & plus haut selon l'ordre de l'eschelle, auquel consiste la grandeur comparée, extraicte ou produite du costé, est appellée puissance, les degrés inferieurs restans sont les degrés parôdiques d'icelle puissance.*

Ce degré de l'eschelle auquel vne grandeur produite par son costé est comparée, est appellée puissan-

ce, c'eſt à dire, que tel degré montre par quelle multiplication ou puiſſance cete grandeur a eſté produite
de ſon coſté; car par la ſeule denomination de ce degré auquel cete grandeur eſt comparée poſtpoſée au
coſté duquel elle eſt extraite, eſt expliquée & la valeur
& la puiſſance d'icelle; comme ſi vne grandeur eſtoit
produite par la multiplication continuelle de A ſix
fois, & que lon deſiraſt donner & la puiſſance & la
valeur: cela ſera fait en poſtpoſant à A le caractere
de la 6. grandeur Scalaire, qui eſt C C, & lors la puiſſance du multiplié ſix fois en ſoy ſera A CC, qui s'ex-
pliqueroit A cube multiplié par A cube. La valeur de
A C C ſera auſſi donnée la valeur d'A eſtant cogneuë;
car ſi A eſtoit 3. ſon cube ſeroit 27. qui multipliez par
eux meſmes feroient 729. pour la valeur de A C C.

Quant eſt de l'intelligence des degrés Parôdiques, iceux ſont tous les degrés inferieurs en genre
à la puiſſance, par le moyen deſquels elle eſt produite
du coſté: comme la puiſſance eſtant Q Q les degrés
Parôdiques à icelle ſont C, Q, le coſté: ſi Q C les
Parôdiques ſeront Q Q, C, Q & le coſté.

Faut noter qu'vn meſme degré de l'eſchelle, ſelon diuerſes conſiderations, peut-eſtre dit, & puiſſance & degré Parôdique: comme C, au reſpect de Q,
eſt puiſſance & de Q Q, degré Parôdique, & ainſi des
autres.

9   *La puiſſance eſt pure, lors qu'elle eſt
exempte d'affection affectée, quand à icelle
eſt meſlé l'Homogene fait ſoubs le degré Parôdique à icelle, & vne grandeur adſcitice coeficiente.*

La puiſſance eſt dite affectée, lors qu'à icelle eſt aſſociee vne grandeur Homogene, à icelle contenuë ſoubs quelqu'vn de ces degrez Parôdiques, & quelqu'autre grandeur ; comme, que la puiſſance de quelque coſté A ſoit A Q Q, & que l'vn de ces degrez Parodiques A C eſtant multiplié par quelqu'autre grandeur fac vn Homogene à icelle puiſſance, ſoit par B ainſi B A C eſtant mis auec la puiſſance A Q Q, luy fera acquerir le nom de puiſſance affectée, & B ſera appellé grandeur coeficiente adſcitice. Il eſt requis de ſçauoir que cete affectation meſlange & aſſociation ſe fait quelquefois en adjouſtant l'Homogene à la puiſſance, quelquefois en ſouſtrayant l'vne de l'autre : ce qui eſt denoté par des ſignes denotant l'addition ou ſouſtraction, qui ſont + & —, leſquels pour cete cauſe ſont appellés ſignes ou notes d'affection.

10 *Les grandeurs adſcitices ſoubs leſquelles & le degré Parôdique eſt fait vn Homogene à la puißance, ſoient dites ſubgraduelles à la puißance affectée.*

Comme ſi à la puiſſance A Q C, eſtoient adjoins les Homogenes B Q A C, & D C A Q ; B Q & D C ſeroient dits ſubgraduels de la puiſſance A Q C. Pource, autant qu'il y a de degrés Parôdiques à la puiſſance, autant il y a de coefficiens differens en genres, & aſcendant en meſme proportion que les Parodiques ; c'eſt pourquoy tels coefficiens ſont dits ſubgraduels, comme participans auec les Parodiques en genres.

DES PRECEPTES DV
Logistique Specifique.

CHAPITRE III.

Le Logistique Numerique est celuy qui est exhibé & traité par les nombres, le Specifique par especes ou formes des choses: comme par les lettres de l'Alphabet.

L'Auteur appelle Logistique ce qu'en l'Arithmetique on appelle Algorithme, aussi l'vn & l'autre nom conuient fort bien aux preceptes suiuans.

PRECEPTE I.

Adjouster vne grandeur à vne grandeur.

Soient deux grandeurs A & B; & il faut adiouster icelles. Donc pourautant qu'vne grandeur doit estre adioustée à vne grandeur, & que les Homogenes n'affectent les Hetereogenes, les grandeurs proposées à adiouster sont Homogenes. Or le plus ny le moins ne constituent diuers genres; c'est pourquoy elles seront commodement adioustées par la note de copulation ou adionction, & leur aggrege ou somme sera A, plus B, soit que ces grandeurs soient simples longueurs ou largeurs.

Mais ſi elles montent par l'eſchelle expoſée, ou qu'elles participent en genres auec les aſcendans d'icelle, elles ſeront notées de la denomination qui leur conuiendra: comme A quaré, B plan, ou A cube plus B ſolide, & ainſi des autres.

Les Analiſtes ont couſtume de monſtrer l'affeſtion d'adjonſtion par ce ſigne + Bien que l'Auteur n'ait traité que de l'adition des grandeurs Indiquées par vne ſimple eſpece: neantmoins pource que preſque à tous momens il ce rencontre que les grandeurs tant celle à adiouſter que celle à laquelle eſt faite l'adition ſont compoſées de deux ou pluſieurs eſpeces: nous preſcrirons les regles d'adiouſter icelles apres auoir dit en general en cöbien de ſortes cete compoſition peut aduenir, qui ſont trois en nömbre: La premiere lors que les eſpeces tant de la grandeur à adiouſter, que celle à laquelle doit eſtre faite l'addition, ſont differentes: comme A + B & D + F: La 2. quand en l'vne & l'autre grandeur il y a des eſpeces ſemblables, aiant auſſi ſemblables notes d'affection: comme A + D & A + B; & la 3. ou les deux grandeurs, bien qu'elles ayent des eſpeces ſemblables, neantmoins ces eſpeces ſemblables ont diſſemblables notes d'affection, ainſi que A — D & B + D.

Pour adiouſter la premiere ſorte, ne faut faire autre choſe que meſler les eſpeces de la grandeur à adiouſter auec les eſpeces de la grandeur à laquelle il faut faire l'addition, ſans changer les ſignes d'affectiö, retenät pour maxime, que lors qu'vne eſpece n'a point de ſigne, elle dbit eſtre céſee auoir le ſigne d'affection +.

Exemple de cete addition.

Qu'il faut adiouſter A + D auec B + F, la ſomme, ſiuant ce qui a eſté dit cy-deſſus ſera,

E

$$B + F.$$
$$A + D.$$
$$\overline{B + F + A + D.}$$

Autre.

Et si A — D estoit donnée à adjouster à B + F, la somme seroit B + F + A — D.

En la seconde l'addition est faite des especes differentes comme dessus , quant aux especes semblables elles seront adjoustées par le moyen de l'addition des nombres nombrans icelles. Et faut noter que toute espece n'ayant point de nombre nombrant, doit estre dite vne simplement, comme si elle auoit pour nombre nombrant l'vnité.

Exemple.

Qu'il faille adjouster A + D , auec B + 2 D, la somme sera A + B + 3 D, observant ce qui a esté dit.

$$B + 2 D.$$
$$A + D.$$
$$\overline{A + B + 3 D.}$$

Autre.

Et si A q — D plan , estoit donnée à adjouster à B plan — 2 D plans, la somme seroit A q +, B p. — 3 D p.

$$B \; p — 2 \; D \; p.$$
$$A \; q — D \; p.$$
$$\overline{A q + B p — 3 D p.}$$

Finalement la troisiesme sorte de grandeurs composées, sera adioustée en ce qui est semblable aux deux precedentes en la mesme sorte : mais quand les especes semblables auront le signe diuers, faudra souſtraire vn nombre nombrant de l'autre, & le reſte prendra le signe d'affection du plus grand nombre auec l'eſpece commune.

Exemple.

Qu'il faille adiouſter $A — 3\,D$ a $B + 2\,D$ operant ainſi que nous venons de dire, la ſomme ſera $A + B — D$

$$
\begin{array}{c}
B + 2\,D \\
A — 3\,D \\
\hline
A + B — 1\,D
\end{array}
$$

Autre Exemple.

Et ſi $A\,q. — 2\,D\,p$ eſtoient donnés à adiouſter à $B\,q. + 3\,D\,p.$ la ſomme ſeroit $A\,q. + B\,q. + D\,p.$

PRECEPTE II.

Souſtraire vne grandeur d'vne grandeur.

Soient deux grandeurs A & B, ceſte-là maieure, ceſte-cy mineure ; & il faut ſouſtraire la mineure de la maieure : pource que la grandeur doibt eſtre ſouſtraite de la grandeur, & que les homogenes n'affectent les heterogenes, les deux grandeurs propoſées ſont homogenes. Or plus ny moins ne conſtituent diuers genres ; c'eſt pourquoy la ſouſtraction ſera commodément faite par la note de disjonction, ou de priuation, & la ſouſtraction ſera A moins B, ſoit que les grandeurs propoſées ſoient ſimples longitudes ou latitudes.

Mais ſi elles aſcendent par l'eſchelle expoſée, ou qu'elles participent en genres auec les aſcendens d'icelle, elles ſeront nitées de la denomination qui leur conuiendra.

Il n'eſt beſoin d'operer autrement, encore que la gran-

deur à souſtraire ſoit deſia affeſtée, comme eſtant le tout
& les parties cenſées auoir pareil droit : ainſi ſoit B + D
à ſouſtraire de A, le reſte ſera A — B — D. les grandeurs B & D eſtant ſouſtraites enſemblement.

Mais D eſtant nié du meſme B, & que B moins D
ſoit à ſouſtraire de A, le reſte ſera A moins B plus D ;
pour autant que ſouſtrayant la grandeur B eſt ſouſtraite plus
que la grandeur à ſouſtraire de la grandeur D : & partant
par l'addition d'icelle elle ſera compenſée.

Les Analiſtes ont couſtume d'indiquer par ce ſymbole — l'affeſtion d'oſter ou priuer. Et ceſte affeſtion eſt
appellée par Diophante λεῖψις defection, comme celle d'ad-
jouſter ὕπαρξις exiſtence.

Quand il n'eſt propoſé quelle des quantités eſt maieure
ou mineure : & toutesfois la ſouſtraction eſt à faire, la note de difference eſt ═══, c'eſt à dire le moins d'incertitude,
comme eſtans propoſées A q. & B plan, leur difference ſera A quarré ═══ B plan, ou B plan ═══ A quarré.

Pour ne rien obmettre à ce precepte, nous donnerons le moyen d'operer, quand l'vne & l'autre
grandeur eſt compoſée, & ont des eſpeces ſemblables ; & eu cecy n'eſt à conſiderer que les nombres
nombrans, les eſpeces ſemblables & leurs ſignes d'affection : car ſi les eſpeces ſemblables ont meſmes ſignes, la ſouſtraction ſera faiſte en propoſant la dife-
rence des nombres nombrans à l'eſpece commune,
auec le meſme ſigne.

Exemple.

Soit donné ſa grandeur B + D à ſouſtraire de
A + 2 D ; obſeruant ce qui a eſté dit par l'autheur
des eſpeces diſſemblables ; & ce que nous venons
de dire des ſemblables, le reſte ſera A — B + 2 D.

<table>
<tr><td>

A + 3 D
B + 1 D
─────
A — B + 2 D

</td><td>

Autro

</td><td>

A — 3 D
B — 2 D
─────
A — B — 1 D

</td></tr>
</table>

Exception.

De cecy faut excepter les differences qui sont données par le nombre de l'espece à soustraire, lors qu'il est plus grand que le nombre nombrant, l'espece de laquelle il faut faire soustraction; car alors les signes seront changez en leurs contraires sçauoir + en —, & — en +.

Exemples.

<table>
<tr><td>

A — B
D — 3 B
─────
A — D + 2 B

</td><td>

A + 2 B
D + 3 B
─────
A — D — 1 B

</td></tr>
</table>

Et si les especes semblables ont leurs signes d'affection dissemblables, leurs soustractions seront indiquées par l'aggregé des nombres nombrans les especes semblables preposés à icelles, auec le signe de l'espece de laquelle est faicte la soustraction.

Exemple.

Soit donnée la grandeur B — 2 D à soustraire de la grandeur A + 2 D, la reste sera A — B + 4 D.

A — 2 D
B + 2 D
─────
A — B + 4 D

Et si B + 2 D estoit à soustraire de A — 3 D, le reste seroit A — B — 5 D.

A — 2 D
B + 3 D
─────
A — B — 5 D

E iij

PRECEPTE III.

Multiplier vne grandeur par vne grandeur.

Soient deux grandeurs A & B; & faut multiplier l'vne par l'autre.

Donc pourtant que quand vne grandeur est à multiplier par vne grandeur, elles font vn produit à eux mesmes heterogene, ce qui est faict soubs icelles sera commodement designé par le vocable en ou soubs, comme A en B, & par ce symbole sera signifié ceste grandeur cy auoir esté multipliée en ceste-là, ou autrement, ce qui est faict soubs A & B, sçauoir simplement si A & B sont simples longitudes ou latitudes.

Mais si elles ascendent, ou montent selon les degrez de l'eschelle, ou qu'elles communiquent en genre auec iceux, il conuient leur donner les denominations des scalaires ou des genres à eux communicatifs, comme A q. en B, ou A quarré en B plan-solide & ainsi des autres.

Que si les grandeurs qui seront multipliées sont de deux ou plusieurs noms, ou l'vne d'icelles seulement il n'aduiendra rien autre chose en l'operation: pour-autant que le tout est égal à ces parties, & que les produits faicts soubs les segmens de quelque grandeur sont egaux à celuy qui est faict soubs le tout. Et quand le nom affirmant d'vne grandeur est multiplié par le nom affirmant de quelque autre grandeur, ce qui en sera faict sera affirmé & par vn nié, nié.

Aussi de ce precepte s'ensuit que par la multiplication de deux noms niés l'vn pour l'autre est faict vn affirmé comme A — B estant multiplié en D — G puis que ce qui est faict de A affirmé par G nié demeure nié, ce qui est moins nier ou diminuer, pource que A est plus que

la grandeur A——B, & semblablement ce qui est faict de
B nié par D affirmé, demeure aussi nié, ce qui est plus
nier; d'autant que D est plus grande que la grandeur
D——G, c'est pourquoy en compensation lors que B nié sera multiplié en G nié ce qui en est faict sera affirmé.

Demonstration.

Soit la grandeur A——B
la ligne A H & que A
soit A B; B, HB; en apres
BC soit D & BI, C; par-
tant C I sera egale à la
grandeur D——G, & le
produit de A——B par
D——G le rectágle EFG,

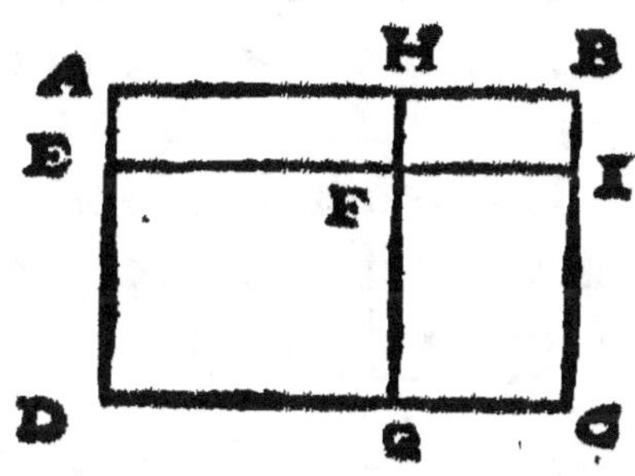

contenu soubs les costez E F egal à A H, & F G egal
à I C, donc A multipliera D——G le produit
sera DA——GA qui sera egal au rectangle IEDC lequel est plus grand que le vray produit du rectangle
I F G, & c'est pourquoy l'autheur dit que l'on a moins
nié ou osté qu'il ne falloit. En apres le produit de
——B par D——G doit diminuer le produict DA——GA
du rectangle I F G; car le produict de A——B par
D——G doibt faire seulement le rectangle FED & B
ayant multiplié D——G a faict DA——GA; donc ——B
qui est l'autre partie du tout A——B multipliant D——G
doibt faire vn produit, lequel auec DA——GA face
vn tout egal au rectangle F E G : Mais DA——GA
est plus grand que le mesme rectangle du rectangle
I F G; donc le produit de D——G par ——B doit faire vn produit, lequel estant ioint auec DA——GA le
diminuë du rectangle I F G. Or il est constant que ✝

du rectangle B G + par H B — faict — donc B G
sera plus grand que le rectangle IFG du rect. HFI,
car B est egal à HB & D à BC ioint auec DA — GA
diminueroit ce produit en sorte que DA — GA —
DB seroit moindre que le iuste produit du rectangle
BHF lequel est egal au produit de G & B les deux
noms niés, parquoy affin de restituer ce deffaut il est
necessaire que le produit d'iceux soit affirmé, donc
les grandeurs ayant pour note d'affection + estant
multipliée entr'elles, font plus, ce qu'il falloit mon-
trer.

Les denominations des produits, faicts par les
grandeurs ascendantes proportionnellement de genre à genre, sont telle.

Le costé	en	soy	faict	Q
		Q		C
		C		QQ
		QQ		QC
		QC		CC

Et en changeant le Q par le costé faict C le C
par le costé QQ &

Le Q	en	soy	faict	QQ
Q		C		QC
Q		QQ		CC

En changeant C en Q faict QC &

C	en	C	faict	CC
C		QQ		QQC
C		QC		QCC
C		CC		CCC

En changeant

En changeant QQ en C faict QQC & le reste suyuant cet ordre.

Le semblable est aux homogenes comparés

$$\text{Largeur} \left.\right\} \text{en} \left\{ \begin{array}{c} \text{Longueur} \\ P \\ S \\ PP \\ PS \end{array} \right\} \text{Faict} \left\{ \begin{array}{c} P \\ S \\ PP \\ PS \\ SS \end{array} \right.$$

En changeant P en longueur faict solide &c.

$$P \left.\right\} \text{en} \left\{ \begin{array}{c} P \\ S \\ PP \end{array} \right\} \text{Faict} \left\{ \begin{array}{c} PP \\ PS \\ SS \end{array} \right.$$

Et au contraire en changeant S en P faict PS &c.

$$S \left.\right\} \text{en} \left\{ \begin{array}{c} S \\ PP \\ PS \\ SS \end{array} \right\} \text{Faict} \left\{ \begin{array}{c} SS \\ PPS \\ PSS \\ SSS \end{array} \right.$$

Et au contraire en changeant PP en S faict PPS &c.
Et le reste suiuant cet ordre.

PRECEPTE IIII.

Appliquer ou diuiser vne grandeur par vne grandeur.

Soient deux grandeurs données A & B; & il faut diuiser l'vne par l'autre.

Or pourautant qu'vne grädeur doit estre appliquée à vne

grãdeur, *&* que les plus eleuées en gẽres doiuent estre appli-
quées aux plus abaissées, les grandeurs proposées sont hetereogenes. Soit donc *A* longitude, *B* plan; parquoy interposant vne
ligne entre *B* plan grandeur à appliquer *&* *A* à laquelle est
faicte l'application, icelle application sera commodément
faite : Ainsi $\dfrac{B\ p}{A}$ par lequel symbole sera signifié la

latitude faicte par *B* plan appliqué à *A* longueur.

Et si *B* est donné cube, *A* plan, sera exibé $\dfrac{B\ c}{A\ p}$

par lequel symbole sera signifié la latitude de *B c* appliqué
à *A p.*

Et si *B* est proposé cube, *A* longueur, sera exibé $\dfrac{B\ c}{A}$

par qui sera signifié le plan faict de l'application de *B c* à
A. Et ainsi des autres à l'infiny suiuant cet ordre.

Il ne faut obseruer autre chose en l'application d'vne
grandeur à vne autre, soit que l'appliquee, ou celle à laquelle est faicte l'application ou toutes deux ensembles soient de
deux, ou plusieurs noms.

Il conuient noter que la diuisiõ que l'Autheur en-
tend estre faite par l'interposition de la ligne, est seulement celle où la grandeur à diuiser n'est pas multiplice de la grandeur diuisante, ou celle en laquelle
bien que la grandeur à diuiser fust multiplice de la
diuisante, que neantmoins il fut enuieux de faire la
diuision tout au long : Car il seroit inepte de dire $\dfrac{B\ c}{B}$

d'autant que cela se peut expliquer *B q* comme aussi
$\dfrac{Aq - Bq}{A - B}$ pource que le quotient ou l'engendré est

A — B. Mais il seroit plus facile de faire simplement
ceste appliquation $\dfrac{Aqq - Bqq}{A - B}$ que de rechercher le

quotient de la diuiſion , lequel neantmoins eſt
A C + B A q + B q A + B C. ce que nous enſeigne-
rons à trouuer pour ne laiſſer rien à dire en cette matiere propoſant la meſme grandeur Aqq — Bqq à
diuiſer par A — B. Faut en premier lieu voir combien
il y a de degrez parodigues à la puiſſance Aqq qui
ſont 3 ſçauoir C, Q , & coſté pour leſquels il faut entre Aqq & Bqq laiſſer trois lieux vuides leur donnant le ſigne + ainſi.

$$+BcA$$
$$+BqAq$$
$$+BAc$$

$$Aqq + oo + oo + oo - Aqq \;\Big|\; AC + BAq + BqA + {}+ BC$$
$$A \longrightarrow B$$
$$A \longrightarrow B$$
$$A \longrightarrow B$$
$$A \longrightarrow B$$

En apres faut diſpoſer la grandeur diuiſante
ſoubs Aqq + oo, & s'enquerir en Aqq + oo
combien y a il de fois A — B qu'il faut mettre Ac affin que multipliant A — B par iceluy
& le produit ſouſtraict de Aqq+oo, Aqq ſoit oſté
donc A c multiplié en A faict Aqq qui oſté de Aqq
reſte rien & A c multiplié par — B produit — BAc
qui oſté de +oo reſte + B A c en la meſme maniere
changeant la grandeur diuiſante par ordre ſoubs les
lieux de la grandeur à diuiſer, & obſeruant ce qui a
eſté dit en cette premiere operation on trouuera
facilement le quotien de la diuiſion eſtre Ac + BAq
+ B q A + B c, le meſme doit eſtre obſerué en toute
autre diuiſion des grandeurs compoſées.

Les denominations des engendrez de

Contraste insuffisant

NF Z 43-120-14

l'application des grandeurs ascendantes proportionnellement, de genre à genre sont tels

Le Q
C
QQ
QC
CC
} Apliqué au costé engendre }
Le costé
Q.
C.
QQ.
QC.

Et en changeant le cube en quarré, le costé &c.

Le QQ
QC
CC
} Apliqué à Q engendre {
Q.
C.
QQ.

En changeant QC à C engendre Q &c.

Le CC
QQC
QCC
CCC
} Apliqué à C engendre {
C
QQ
QC
CC

Et en changeant QQC à QQ faict C &c. le reste
suiuant cet ordre.

Semblablement aux Homogenes comparés.

Le P
S
PP
PS
SS
} Apliqué à la longueur faict {
larg
P.
S.
PP.
PS.

En changeant

Le	PP		Apliqué au P faict		P
	PS				S
	SS				P S

Et au contraire,

Le	SS		Apliqué à S faict		S.
	PPS				PP.
	PSS				PS.
	SSS				SS.

Bien qué ce qui a esté traicté tant au precepte precedent des produicts faits par les grandeurs afcédantes proportionelles que des engendrez d'icelles par le prefent precepte femble fuffire pour toutes les operations de l'Algebre, i'ay trouué neantmoins n'eftre hors de propos de mettre la table fuiuante, par laquelle pourra cognoiftre tant les produicts de la multiplication que de l'application des grandeurs fcalaires iufques à la neufiefme.

Table des produicts des grandeurs fcalaires.

côté	q	c	qq	qc	cc	qqc
q	qq	qc	cc	qqc	qcc	ccc
c	qc	cc	qqc	qcc	ccc	qqcc
qq	cc	qqc	qcc	ccc	qqcc	qccc
qc	qqc	qcc	ccc	qqcc	qccc	cccc
cc	qcc	ccc	qqcc	qccc	cccc	qqccc
qqc	ccc	qqcc	qccc	cccc	qqccc	qcccc
qcc	qqcc	qccc	cccc	qqccc	qcccc	ccccc
ccc	qccc	cccc	qqccc	qcccc	ccccc	qqcccc

L'vſage de ceſte table eſt tel , ſi vous deſirez auoir la denomination du produict de deux grandeurs aſcendantes , prenez l'vne d'icelle au front d'icelle table & l'autre en la premiere colomne, puis cherchez le quarré cómun aux deux lieux de deux grandeur & les denominatiós que trouuerez en iceluy ſera la denomination du produict des deux grandeurs. Exemple qu'il faiſle trouuer la denomination du produict de qqc par qc. apres auoir pris qqc au front de la table , & qc à la premiere colomne au coſté d'icelle. Ié trouue que dans le quarré lequel leur eſt commun le produit de leur denomination eſtre CCCC.

La denomination des engendrez de l'application ſera trouuee auſſi promptement dautant que ſi vous prenez au coſté de la table la denomination de la grãdeur à laquelle doit eſtre faite l'applicatiõ & vis à vis d'icelle dans la table, celle de la grãdeur à appliquer, ſi vous montez ſuiuant la colomne du quarré , dans lequel ce rencõtre la denomination de la grandeur à appliquer la denomination que vous trouuerez au front de la table ſera celle de l'engendrée. Exemple qu'il faiſle trouuer la denomination de la grandeur engendree par l'application de deux grandeurs, ayant pour denomination qCCC & qq. Ie cherche premierement qq en la premiere colomne & vis à vis dans la table qCCCC, puis ie vois que ce quarré dans lequel eſt qCCCC, coreſpond au front de la table à qqCC, lequel ie dis eſtre la denomination requiſe, le meſme doit eſtre faict de toutes autres denominations.

L'application n'importe au reſte des preceptes cy-deuant traittez ſoit en l'adition &

souftraction, foit en la multiplication *et* diuifion : car en l'application la grandeur tant celle qui eft plus haute que celle qui eft deprimee eftans multipliees par vne mefme grandeur par cefte operation, la valeur ou ce qui eft engendré par l'application n'eft augmenté ny diminué, parce que la chofe qui eft faicte par la multiplication eft refo- luë par la diuifion: comme $\frac{BA}{B}$ eft A & $\frac{BAp}{B}$ eft Ap.

Cecy doit s'entendre que tant en l'adition, fouftraction, multiplication que diuifion l'operation n'eft en rien differente aux preceptes, foit que l'vne des grandeurs ou toutes deux enfembles foient appliquees, finon qu'il faut reduire les grandeurs en deux autres, efgalles à icelles ayant vne commune grandeur applicante ce qui ce faict ainfi : Si vne feule grandeur à adioufter eft appliquee comme $\frac{Bq}{D}$ eftoit adiouftée auec A lors faudroit multiplier A par D, grandeur applicante & appliquer le produit à la mef- me grandeur D & feroit la grandeur $\frac{DA}{D}$ egale à A pour autant que l'application refoult la multiplica- tion, de mefme fi $\frac{Dq}{B}$ eftoit à adioufter auec $\frac{Aq}{E}$ fau- droit refoudre ces deux grandeurs en deux autres, multipliant tant la grandeur appliquee qu'appliquã-

te de l'vne par l'applicante de l'autre, & ces pro-
duicts seroient $\dfrac{FDq}{BF}$ & $\dfrac{BAq}{BF}$ egaux aux grandeurs

$\dfrac{Dq}{B}$ & $\dfrac{Aq}{F}$. Il faut neantmoins noter que telle redu-

ction n'est requise en la multiplication ou diuision,
comme il se verra cy-apres.

Donc aux aditions s'il falloit adiouster z a $\dfrac{Ap}{B}$ redui-

sant z en $\dfrac{ZB}{B}$ la somme seroit $\dfrac{ZB}{B}+\dfrac{Ap}{B}$ ou $\dfrac{QB+Ap}{B}$.

Ou s'il falloit adiouster $\dfrac{Zq}{G}$ à $\dfrac{Ap}{B}$ reduisant ces gran-

deurs en celles-cy $\dfrac{BZq}{BG}$ & $\dfrac{GAp}{BG}$ la somme seroit

$\dfrac{BZq}{BG}+\dfrac{GAp}{BG}$ c'est à dire $\dfrac{BZq+GAp}{BG}$.

En la soustraction qu'il faille soustraire Z de $\dfrac{Ap}{B}$, Z

estant reduicte en $\dfrac{BZ}{B}$ le reste sera $\dfrac{Ap}{B}-\dfrac{BZ}{B}$ ou $\dfrac{Ap-BZ}{B}$.

Ou qu'il faille soustraire $\dfrac{Zq}{G}$ de $\dfrac{Ap}{B}$ le reste sera

$\dfrac{APG-ZQG}{BG}$.

En la multiplication qu'il faille multiplier $\dfrac{Ap}{B}$ par

B, le produict sera Ap.

Ou qu'il faille multiplier $\dfrac{Ap}{B}$ par Z multiplians

Ap par Z & appliquant le produict ZAp à B le produict sera $\dfrac{ZAp}{B}$.

Ou finalement, qu'il faille multiplier $\frac{Ap}{B}$ par $\frac{Zq}{G}$

multipliant les grandeurs appliquees ensemble, & les appliquantes aussi le produict sera $\frac{ApZq}{BG}$.

En l'application, qu'il faille appliquer $\frac{Ac}{B}$ à D, chacune des grandeurs estant multipliee par B, l'application sera $\frac{Ac}{BD}$.

Ou, qu'il faille appliquer BG à $\frac{Ap}{D}$ chacune des grandeurs estant multipliee par D, l'engendré de l'application sera $\frac{BGD}{Ap}$.

Ou finalement, qu'il faille appliquer $\frac{Bc}{Z}$ à $\frac{Ac}{Dp}$ multipliant la grandeur appliquante de l'vne par l'appliquee de l'autre : la longueur de l'application sera $\frac{BcDp}{ZAc}$.

DES LOIX DV ZETETIQVE.

CHAPITRE V.

La forme par laquelle le Zetese sera accomply est contenuë soubs les loix suiuantes.

1. S'il est question de la longueur, & que

l'egalité ou proportion ſoit cachee ſous les choſes propoſees la longueur requiſe ſoit poſee vn coſté.

Pour l'intelligence de ceſte Loy nous donnerons ceſte exemple, qu'il faille trouuer deux lignes dont l'aggregé ſoit B, & la difference D. Pour donc rendre la ſolution de ce qui eſt propoſé, faut poſer que l'vne d'icelle ſoit quelque coſté ou ſimple longueur, comme A, en apres auec ceſte poſition & ſuiuant les conditions de la poſition ſous leſquelles eſt voillet l'egalité de la choſe requiſe auec les données, faut ainſi diſcourir ſoit A la moindre; donc puis qu'elles differét de D, A+D ſera la plus grande: or leur ſomme eſt B; donc 2A+D ſont egaux à B, de ceſte ſorte ſe trouue l'egalité enueloppee dans le propoſé de la queſtion en tout autre.

Faut noter qu'il n'eſt pas touſiours requis de propoſer vne eſpece ſimple; comme A, E, &c. mais que quelque fois pour la facilité de la ſolution l'on poſe des grandeurs appliquees; comme $\frac{Aq}{B}$, $\frac{Bq}{A}$ & pourueu que telle application ſoit du genre de la grandeur, ou qu'elle ſymboliſe auec elle.

2. S'il eſt queſtion de choſe plaine, & que l'egalité ou proportion ſoit voillee ſous les choſes propoſees, la choſe plaine requiſe ſoit poſee vn quarré.

Par choſe plaine, eſt entendu vne grandeur ayant

longueur & largeur feulement, ainfi que la deffinit
Euclid. Libre pour diff. 7.

L'Exemple de cefte pofition comme des fuiuan-
tes fe peuuent voir dans les cinq liures des Zetetique
de l'autheur.

3.   Sil eft queftion de la folidité, & l'egalité ou proportion cachee fous les propofees, la
folidité requife foit pofee vn cube.

Bref que la pofition de la grandeur pro-
pofee monte ou defcende de fa propre puiffan-
ce felon les degréz des grandeurs comparees.

Cecy veut dire que la grandeur requife foit pofee
eftre le degré de l'efchelle des grandeurs afcendantes
proportionnellement de genre à genre auquel la
grandeur requife eft comparee, comme eftant queftion des folide vn cube, fi vn plan—plan, Q Q, &
ainfi des autres, Et bien que les Loix precedentes ne
prefcriuent finon la pofition eftre faicte d'vne grandeur fcalaire feulement. Neantmoins au lieu d'icelles peuuent auffi eftre pofees les degrez à eux com-
parez en l'efchelle des grandeurs comparees comme
au lieu de C, S, de QQ, PP, & ainfi des autres.

4.   Les grandeurs tant requifes que données
felon la condition de la queftion foient comparees entr'elles, en adiouftant, fouftrayant,
multipliant & diuifant, obferuant en tout
inuiolablement la Loy des Homogenes. Il
eft manifefte, qu'à la fin il fera trouue quel-

que chose egale à la grandeur requise, ou à la puissance a laquelle elle monrera, ensemble ce qui est faict sous toutes ou partie des grãdeurs donnees, & la grandeur incertaine requise, & les degrez parôdiques à la puisse d'icelle.

Pour l'explication de ceste Loy en partie voyez ce qui est dit sur la Loy premiere, & pour le tout dans les Zetetiques de l'Autheur.

5. Or affin que cecy soit aydé par l'art, les grandeurs donnees seront distinguees des requises par vn symbole constant perpetuel & apparent, en signifiant les grandeurs requises par l'element Alphabetique A, ou quelques autres voyelles E, I, O, V, Y, & les donnees par les elemens B, C, D, ou quelque autre des consonnes.

De cela nous exceptons Q & C, employez pour la signification des grandeurs scalaires, & P, S, pour les comparces.

6. Les choses faictes sous les grandeurs dõnees suiuant les conditions de la question, seront adioustees les vnes aux autres, ou soustraictes selon la notte de leur affection, & assemblees en vn tout, lequel sera dit homo-

gene de comparaiſon ou contenu ſous la grãdeur ou meſure donnee : Et icęluy ſera
vne partie de l'equation.

Nous diꝛons encore vn coup pour tout que les
nottes d'affection ſont + plus & — moins qui ſigni-
fient que les grandeurs ſont diſpoſees ou à l'addition
ou à la ſouſtraction.

7. Semblablement ce qui eſt faiĉt ſous les
grandeurs donnees , ⁊ les parôdiques à la
puiſſance de la grandeur requiſe, ſeront ad-
iouſtez l'vn à l'autre, ou ſouſtraiĉts ſelon la
notte de leur affeĉtion ⁊ aſſemblez en vn
tout ; lequel ſera dit Homogęnę d'affeĉtion
ou contenu ſous le degré.

Comme ſi vne equation eſtoit auec A C, &
BQA+DS , lors par la ſouſtraction commune de
BQA, AC—BQA, ſeroit fait egal à DS, & la partie de l'equation AC—BEA eſt diĉte homogene
d'affeĉtion ou contenu ſous le degré.

8. Les Homogenes ſous les degrez accompa-
gnent la puiſſance qu'ils affeĉtent , ou par laquelle ils ſont affeĉtez, ⁊ aſſemblez facent
vn tout , lequel ſera l'autre partie de la l'e-
quation.

C'eſt pourquoy l'Homogene ſous la meſure donnee ſera enoncé de la puiſſance de

ſon genre ou ordre , ſçauoir, purement ſi elle eſt pure(*) exempte d'affection,ſi elle eſt af-fectee, lors ſeront indiquees tant les Homogenes d'affection que les degrez, par les ſymbole d'iceux, enſemble ceſte grandeur laquelle auec le degré faict l'adſitice.

* L'Homogene ſoûs la meſure donnee ſera enuncé, par la comparaiſon de l'egalité des genres de la puiſſance pure, ou affectee de l'Homogene d'affectiõ à iceluy: (car le genre d'iceluy & touſiours indiqué par la puiſſance de l'Homogene d'affection) c'eſt à dire qu'il ſera dit eſtre cõparé la puiſſáce pure,ou affectee de l'Homogene d'affection comme ſi entre AQ & Bp tombe aquation B p ſera enuncé eſtre egal à Aq. Pareillement ſi entre Ac, BAq, & DBp, lors DBp ſera enuncé egal à Ac & DAq, & ainſi des au-tres.

9. Pource auſſi s'il aduiët que l'Homogene ſous la meſure donnee,ſoit meſlé auec l'homogene ſous le degré; l'antitheſe ſoit faiĉte.

Ainſi ſi AC+BS eſtoit egal à DAq.

L'antitheſe , eſt quand les grandeurs affectantes ou affectees , paſſent d'vne partie de lequation à l'autre ſous contraires nottes d'affection.

Comme Ac—Bs eſtant eſgal à DqZ, ſi Bs eſt transporté en l'autre part de l'equation; ſçauoir auec

DqZ changeant le noté de son affection sçauoir ---
en +, Ac sera faict egal à DqZ+Bs par antithese.

Par ceste trãspoſition l'equalité n'est changee ny alteree.

Que l'Antithese ne change l'egalité cela
ſe a demonstré en paſſant.

PROPOSITION I.

Aq—Dp est proposé estre egal à Gq—BA, ſi —BA
est transposé ſoubs note d'affection contraire auec Aq—Dp,
pareillement Dp auec Gq. Par ceste antithese il ſe fera deux
partie : ſçauoir Aq+Bq & Gq+Dp lesquelles ie dis
estre egales : & que l'egalité n'est changée ny alterée
par l'antithese ; car Aq — Dp estant egal à Gq—BA,
ſi à chacune des parties de l'equation ſont adjouſtez Dp+
BA, le tout Aq — Dp+ Dp+ BA ſera egal à Gq—
BA+ Dp+ BA par le 3. ſymbole Chap. 2. Maintenant
l'affection niée deſtruira l'affirmée estant en vne meſme
partie de l'equatiõ:en celles-là l'affection de Dp s'euanouira,
& en celle-cy celle de BA, & restera Aq+BA egal à
Gq+Dp,

10.   Et s'il aduient que toutes les grandeurs données ſoient toutes produites par vn
degré parôdique ; & que partant l'homogene à la puiſſance offerte & proposé ne conſi-
ſte totalement ſoubs la meſure donnée, mais
ſoubs icelle meſure & vn degré parodique à
la puiſſance l'hipobibaſme ſera faict.

Ainsi Eqq+DEc egal à DqEq.

Hypobibasme, est l'egale d'epresion de la puissance & degrez parodiques, l'ordre de l'eschelle estant obserué, en sorte que l'homogene contenu soubs le moindre degré vient à estre un homogene donné.

Par l'hypobibasme l'egalité n'est changée ny alterée, cela sera demonstré

Comme Eqqq+DEqc estát egal à DqEqq l'egale d'epresion affin qui demeure vn homogene donné, se feroit diuisant toutes les grandeurs par Eqq laquelle faicte restera Eq+DE||. Dq.

Par l'hypobibasme l'egalité n'est changée.

PROPOSITION II.

Soit proposé Ac+B Aq estre egal à Zp A; ie dis par hypobibasme diuisant tant la puissance que degrez parodiques par le moindre degré A, Aq+BA estre egal à Zp.

Car cecy est diuiser tous les solides par vn commun diuiseur par lequel l'egalité n'est changée.

Symbole 12. Chap. 2

11. *Et s'il aduient que le plus haut degré auquel montera la grandeur requise (c'est à la puissance d'icelle) ne subsiste de soy mesme, mais qu'il soit multiplié par quelque grandeur donnée lors le parabolisme soit faict.*

Comme BAc+DqAq estant egal à RqZp.

parabolisme

Parabolisme, est la commune application des homogenes, desquels est constituée
l'equation à ceste grandeur donnée, laquelle
est multipliée par le plus haut degré ou puissance de la grandeur requise, afin que ce degré ou puissance subsiste de soy-mesme, &
l'equation par icelle.

Ainsi $BAc + DqAq$ estant egal à Zpp le parabolisme sera faict en appliquant toutes les grandeurs de
lequation à B & lors il sera fait $Ac + \dfrac{DqAq}{B}$ egal à $\dfrac{Zpp}{B}$

Par le Parabolisme l'egalité n'est point
changee, cela sera demontré.

Legalité n'est changée par le Parabolisme.

PROPOP. III.

Soit proposé $B\,Aq + Dp\,A$ estre egal à ZS; je dis par
le Parabolisme $Aq + \dfrac{DpA}{B}$ estre egal à $\dfrac{ZS}{B}$.

Car cecy n'est autre chose qu'auoir diuisé le solide par
B commun diuiseur, par lequel l'egalité n'est changée.

12. Symbole Chap. 5.

12. Maintenant lors que l'equation sera
venuë à tel point qu'elle soit censee estre di-
sertement exprimee & ordonnee pour l'A-
nalogie, ou constitution des grandeurs pro-

portionnelles, & si lon veut elle y sera reuo-
quee, auec telle consideration toutefois que
les produits faits soubs les extremes respon-
dent & conuiennent, tant à la puissance
qu'aux degrez d'affection; ceux des moyennes à l'homogene contenu soubs la mesure
donnee.

13.   Donc aussy l'Analogie ordonnee, sera
deffinie l'ordre de 3. ou 4. grandeurs proportionnelles, tellement constituees en termes
purs ou affectés que toutes les grandeurs
soient données excepté celle dont est question,
ou l: puissance & degrés Parôdiques à
icelle.

Comme si Aq + BA est à Zq comme Bq à RA,
& que la grandeur requise soit A, si les autres grandeurs B, Z & R sont cognues, l'Analogie sera dite ordonnée.

14.   Finalement, l'egalité estant ainsi ordonnee, & l'Analogie aussi, soit estimé &
tenu pour certain l'office du Zetetique estre
accomply.

Certainement le Zetetique doit estre censé
auoir exercé toute sa puissance, lors que par iceluy
l'egalité & proportion de la chose requise auec la

donnée ont esté connuës; puis qu'il est destiny, celuy par lequel est trouuée l'egalité ou proportion de
la grandeur requise & dont est question, auec la
grandeur ou grandeurs données.

Diophante a traité du zetetique tres-
subtilement entre tous autres, aux liures
qu'il a escrits de l'Arithmetique, mais
comme il a donné son institut par les nombres & non par especes; (desquelles toutefois
il s'est seruit) c'est en quoy la subtilité (t) inge-
niosité de son esprit est grandement à admi-
rer, puis qu'au Logistice numerique les choses
aparoissent plus subtiles & difficiles à conceuoir, qu'au specifique auquel elles sont plus
familieres & facilement trouuées & ren-
contrées.

DE L'EXAMEN DES
Theorémes par le Poristique.

CHAP. VI.

LA parfaicte Analitique du Zetese,
est celle qui se confere de l'hypotese à la
these; & exibe les Theoremes conceus de son

inuention en l'ordre de l'art, par les loix[a],
κατὰ παντός, κατ' αὐτὸς, καθ' ὅλου πρῶτον, laquelle
bien qu'ils ayent certitude & demonstra-
tion par le zetetique, toutefois ils sont soub-
mis à la loy du Sinthese, qui est censée la voye
de demonstrer, [b] λογικωτέρη. Aussi quand il
est necessaire, ils sont approuuez par icelle
comme par vn miracle de l'inuentrice de
l'art. Lors les vestiges de l'analitique sont
repetez, ce qui est la mesme analitique, non
toutefois à cause de ce qui est conclud du logistice soubs les especes : que si quelque chose
fortuitement offerte, ou autre que l'inuentee,
est proposee, de laquelle la verité doit estre en-
quise, lors la voye du poristique sera premierement tentee, de laquelle en-apres est fait
vn facile retour au syntese, comme de ces
choses ont amplement traicté Theon aux
elemens, & Appolonius Pergeus aux se-
ctions coniques, & Archimede en plusieurs
liures.

[a] κατὰ παντός, de omni, de tout ; κατ' αὐτὸς, per se, par
soy, καθ' ὅλου πρῶτον, de toto & vniuersali primum,
de tout & principalement de l'vniuersel.

ᵇ λογ…… ϼη, plus rationelle à λόγος, ratio; λογίζο-
μαι ratiocinor, suppuso.

DE L'OFFICE DU RETIQUE.
CHAP. VII.

L'Explication de la grandeur requise
par l'equation ordonnee, ῥητικὴ ἢ ἐξηγητικὴ, laquelle est la partie restante de l'a-
nalitique, sera censé appartenir principalement à l'ordonnance de l'art, les deux re-
stantes estans plustost exemples que preceptes, ou choses plustost concedees par le droict
de la Logique, que par le moyen des lignes superficies ou corps, bien qu'il faille que la
grandeur soit exhibée par la mesme chose.
Icy le Geometre s'estend en accomplissant
l'œuure par l'analitique apres la resolution
d'vn autre semblable au vray: Là en re-
soluant par le nombre quelsconques puissances soient pures ou affectées. Et soit aux choses Arithmetiques, soit au Geometrique, il
exposera l'exemple de son artifice, selon la

condition de l'egalité inuentee, ou de celle qui a esté conceuë de l'ànalogie.

Mais toutes les effections n'ont esté redigees ; car tout probleme a ces elegances propres, toutesfois celle-là est preferee aux autres, laquelle par la composition de l'œuure demonstre, non pas la composition par l'egalité, mais l'egalité par la composition, & la composition par elle mesme. C'est pourquoy le Geometre, bien qu'il soit sçauant en l'analitique, neantmoins il le dissimule, & comme cogitans sur l'accomplissement de l'œuure, donne lumiere & explique son probleme synthetique : En apres par le moyen du logistice, il conçoit & demõstre le Theoreme de l'egalité ou proportion cognuë en iceluy.

DE LA NOTE DE L'EQVA-
tion, epilogue de l'art Analitic.
CHAPITRE VIII.

LA voix d'equation simplement prononcee est prise pour l'egalité conuenablement ordonnee par le zetetique.

L'equation eſt icy priſe par l'Autheur pour la conſtitution de l'egalité entre la grandeur cogneuë, & celle qui eſt requiſe par l'office du zetetique, & eſt celle qui eſt dite conuenablement ordonnée pour l'analogie à la difference des égalités conſtituées par le plaſmate & ſyncriſe, leſquels ne ſont autre choſe que la collation d'vne equation auec vne autre, de laquelle elle eſt deriuee: & celle-là eſt conſtituee du zetetique par la ratiocination en comparant la grandeur requiſe auec la donnée, ſelon les conditions propoſees au zetetique, ainſi qu'il a eſté dit au chapitre 5. loy 12.

2. *Donc l'equation eſt la comparaiſon de la grandeur incertaine, auec la certaine ou cognuë.*

Voyez les 5.6.7.& 8ᵉ. loix du 5.chap.

3. *La grandeur incertaine eſt racine ou puiſſance.*

C'eſt à dire que la grandeur incertaine eſt celle meſme qui eſt requiſe, ou la puiſſance d'icelle.

4. *Derechef, la puiſſance eſt pure ou affectee.*

Voyez la loy 9. chap. 3.

5. *L'Affection, par affirmation ou negation.*

La copulation des termes de l'affection, eſt faite par + ou —, lors qu'elle eſt faite par + c'eſt par affirmation, & par — negation, comme AQ+BP eſt affection par affirmation; DA—AC par negation.

6   L'homogene affectant estant nié de la puissance, la negation est directe.

7.   Au contraire, la puissance estant niée de l'homogene, la negation est inuerse.

L'homogene affectát c'est l'homogene ioinct auec la puissance, lequel estant ioinct ou mis auec icelle par le signe de negation, ceste negation est ditte directe, c'est à dire raisonnable : ainsi que AC—BQA, ou AQ—DA, &c. la negation indirecte ou inuerse est celle en laquelle la puissance est niée de l'homogene, comme BDA—AC, &c.

8.   Le subgraduel mesure l'homogene d'affection par vn degré parôdique.

Que le subgraduel mesure l'homogene d'affection par vn degré, il est euident puis que l'homogene d'affection est engendré & produit par la multiplication du parôdique & de l'adscitice coeficiente, lequel est du subgraduel, chap. 3. loy 10. Or pour autant que la diuision est la resolution de la multiplication, & que le produit de deux grandeurs diuisé ou appliqué à l'vne d'icelles donne pour quotient l'autre, il s'ensuit que le subgraduel diuisant l'homogene d'affection, fait soubs le mesme & le parôdique engendrera le mesme parôdique, comme en l'equation AC+BQA égal à BC, l'homogene d'affection est BQA, le subgraduel BQ; donc si BQA est diuisé par BQ, le quotient sera A, c'est à dire que BQ mesurant BQA, il le mesurera par A.

9.   Il faut disposer la partie incertaine
de

de l'equation selon l'ordre, tant de la puissance & degrés, que de la qualité ou note d'affection. Il faut aussi que les grandeurs subgraduelles soient donnees.

Ceste disposition est de ranger, tant la puissance
que le parôdique à icelle, selon l'ordre qu'ils occu-
pent en l'eschelle des grandeurs ascendantes proportionnellement, côme AC, DAQ, BQA, &c. faisant la
partie incognuë de l'equation, & ayant tout le signe
+, ils seront disposés, ainsi : AC + DAQ + BQA. Si
—; AC — DAQ — BQA. Si l'vne a vn signe d'affection & l'autre vn autre, côme + DAQ & — BQA,
il faudra les ioindre de cete sorte, AC + DAQ —
BQA. Bref que tous les degrés parôdiques soient disposés selon l'ordre qu'ils occupét en l'eschelle en sui-
te de la puissance, & qu'iceux gardent & retiennent
tousiours le signe de leur affection.

Les grandeurs subgraduelles ou degrés subgra-
duels doiuent tousiours estre donnés, c'est à dire co-
gnus & certains ; car le subgraduel n'est autre chos
que le coefficient duquel, auec le parôdique à la puissance, est fait l'homogene d'affection, par la loy 10. du
c. 3. Or est-il que le parôdique est la grâdeur incertaine; dóc le subgraduel sera certain & cognu, loy 4. ch. 5.

10. Le premier degré parôdique à la
puissance est la racine dont est question : &
est le plus inferieur & reculé de la puissance
entre tous les degrés ; Il a accoustumé d'estre
signifié par le mot, Epanaphore.

Pour conceuoir cecy, faut entendre que toute position laquelle est faite de la chose requise, afin de
discourir sur icelle selon les conditions de la question
proposee, par les loix 2.3. & 4. du chap. 5. soit qu'elle
soit simple longitude, ou plan, ou solide, &c. est prise
pour racine: c'est à dire principe, duquel en apres est
deriuee la puissance, de laquelle le premier parôdique est ceste racine premierement posee. Comme
si pour exemple il estoit requis de trouuer l'aggregé
des moyennes de quatre grandeurs proportionnelles, desquelles les extremes sont B & D : si pour cét
aggregé l'on pose A, & procedant en apres afin de
trouuer vne equation selon les conditions sera trouué AC—3BDA egaux à BQD+BDQ; & A, premie-
re position, sera dite racine, appellée Epanaphore au
respect de AC. Ie dis au respect de AC; c'est à dire
de la puissance engendrée d'icelle position; car elle
pouuoit estre faite Q, C, &c. lors elle ne pouuoit pas
estre dite Epanaphore ou degré plus reculé, sinon au
respect de la puissance engendree par icelle, comme
si cet aggregé eust esté posé $\frac{AQ}{B}$, lors l'equation eust

tôbé entre ACC—3BCDAQ &, BQCD+BQQD
QAQ seroit racine de ACC; comme aussi le degré
le plus reculé du mesme ACC, selon l'ordre des degrez de l'eschelle.

11. *Le degré parôdique est reciproque au
parôdique, lors que leur produit est la mesme puissance à laquelle ils sont parôdiques.*

Comme Q & C, sont degrés parôdiques reciproques de la puissance QC, dautant que multipliés ils
font icelle de mesme Q & QQ, de CC &c.

Et faut noter que la somme des nombres de la denomination de ces degrés reciproques, est tousiours égale au nombre de la denomination de la puissance à laquelle ils sont degrés parodiques reciproques.

12 *Les degres parodiques à la puissance de longitude, sont les mesmes que ceux qui sont designez en l'eschelle.*

Loy 6. chap. 2.

13. *Les degrés parodiques de la racine plane, sont,*

Q.		P.
Q Q.	ou	P Q.
C C.		P C.

14. *Les degrés parodiques de la racine solide, sont*

C.		S.
C C.	ou	S Q.
C C C.		S C.

15. *Le quarré, quarré-quarré, cube-cube, & ceux-la qui sont faits d'eux mesme de cette ordre, sont les puissances d'vn moyen simple, & les autres d'vn moyen multiplice.*

L'Autheur appelle puissance d'vn moyen simple toute grandeur, de laquelle peut estre extraicte la racine quarrée, c'est à dire la puissance d'vn seul moyen

tombant entre deux grandeurs : la puiſſance d'iceluy eſt tonſiours le quarré du meſme : de meſme la
puiſſance des moyens multiplices cellesqui denotent
la puiſſance d'vn, deux, ou pluſieurs moyens tombans
entre deux grandeurs : comme ſont C, QC, QQC,
&c. car C, eſt la puiſſance de deux moyens, QC, de
quatre, &c.

16. *La grandeur certaine à laquelle eſt*
comparé le reſte, eſt l'homogene de compa-
raiſon.

Loy 6. chap. 5.

17. *En nombre les homogenes de com-*
paraiſon, ſont vnitez.

C'eſt à dire qu'aux equations où il s'agit de nombre, l'homogene de comparaiſon eſt nombre.

18. *Quand la racine dont eſt queſtion*
conſiſtant en ſa baſe eſt comparee à l'homo-
gene de la grandeur donnee, l'equation eſt
ſimple abſoluë.

Comme la grandeur requiſe eſtant A & A. || . à
B+D, l'equation eſt dite ſimple abſoluë.

19. *Quand la puiſſance de la racine*
dont eſt queſtion, pure d'affection, eſt com-
paree à l'homogene de la grandeur donnee,
l'equation eſt ſimple climatique.

Comme AC eſtant egal à BC+DBQ, & A eſtant
la choſe requiſe, l'equation eſt dite ſimple climatique.

20. *Quand la puissance de la racine dont est question, estant affectee soubs vn degré designé, & vn coefficient donné est comparée à l'homogene de la grandeur donnee, l'equation est dite polinome pour la diuersité des noms & affections d'icelle.*

Ainsi AQ+BA estant egal à BQ, ceste equation est dite polimone, à cause de la diuersité des noms & grädeurs cōposant l'homogene d'affection AQ+BA; & par consequent aussi pour la diuersité de l'affection d'icelles grandeurs.

21. *Autant qu'il y a de degrez parôdiques à la puissance, autant la puissance peut receuoir d'affections.*

C'est pourquoy le quarré peut estre affecté soubs le costé.

Le cube, soubs le costé & le quarré.

Le quarré-quarré, soubs le costé, quarré & cube.

Le quarré-cube, soubs le costé, quarré, cube & quarré-quarré.

Et les autres ainsi, selon l'ordre.

La puissance reçoit non seulement autât d'affections qu'elle a de degrés parôdiques : comme le quaré vne, le cube 2, le QQ, 3, &c. Mais outre ce nombre elle en reçoit encore autant que les parôdiques d'icelle peuuent estre diuersement assemblés, soit en tout, ou partie: comme le quarré-quarré ayant trois degrés parôdiques C, Q, & costé peut estre premierement affectée sous le costé Q & C separemēt, & outre sous le costé & quarré; le costé, & C: le Q & C: & le costé Q & C ensemblement, qui sont en tout 7. affections que peut receuoir QQ. De pareille sorte doiuent estre entenduës les autres affections.

Outre cecy, si on considere les signes d'affection pour determiner en cōbien de sortes la puissance peut receuoir d'affectiōs, elles seront en bien plus grand nombre: car les grandeurs homogenes constituant l'affection peuuent receuoir tantost mesme affection, tantost diuerse, maintenant de +, en apres de moins, ce qui cause la varieté: mais ces choses ne sont pas cōsiderees au respect des signes ou notes d'affection, ains simplement à cause de la diuersité des homogenes d'affection.

22. *Les Analogies resoluës prennent leur denomination du genre des equations ausquelles elles tombent.*

Comme celles qui tomberont en vne equation, ou le cube sera comparé au solide, de solide, le QQ à PP, de plan-plan, &c.

23. *Le docte en l'analitique sera instruit pour l'exegetique és choses Arithmetiques.*

A adjouster, vn nombre à vn nombre.

Soustraire, vn nombre d'vn nombre.

Multiplier, vn nombre par vn nombre.
Diuiser, vn nombre par vn nombre.

Le docte en l'Analitique, c'est à dire qui est versé en l'art Analitic pour l'exegetique és choses Arithmetiques, doit estre instruit à adjouster vn nombre à vn nombre, souftraire vn nombre d'vn nombre, multiplier vn nombre par vn nombre, & diuiser vn nombre par vn nombre, ce qui est tout ce qui se peut dire des choses Analitiques touchant l'Arithmetique: car aux nombres rien ne peut estre fait outre ces regles & documens, sinon l'inuétion d'vn quatriesme nombre, proportionnel à trois autres donnés: mais c'est toufiours retourner à la multiplication & diuision, comme estant ceste inuention accomplie par l'œuure d'icelles.

L'Autheur dit fimplement que l'adition, souftraction, &c. font necessaires à ceux qui veulent estre sçauans pour l'exegetique en cete partie de l'analitique, laquelle est traictée par les nombres, obmettant les extractions des racines, soient quarrés, cubes, &c. lesquels font neantmoins necessaires à ceste partie. Ie iuge qu'il a fait ceste obmission expres, à cause que l'inuention d'icelle racine est pure Geometrique, & qu'elle se sert seulement des nombres comme de moyens pour exhiber & expliquer icelles. Pour toutes ces choses le Lecteur aura recours aux Arithmetiques des Autheurs qui en ont traicté, que i'eusse peu apporter icy; mais afin d'euiter prolixité en matiere si arduë qu'est celle-cy; en laquelle c'est assez que de cognoistre le sens de l'Autheur. I'ay mieux aimé renuoyer le Lecteur à ceux qui en ont escrit particulierement.

L'art enseigne la resolution des puissan-
ces, soient pures ou affectees, lesquelles ny les
anciens ny les modernes n'ont cogneuë.

C'est à dire que procedant selon les preceptes de
l'art auec subtilité & sagacité d'esprit, la resolution
des puissances sera trouuée, ainsi qu'il paroist dans le
traicté de la correction des equations de l'Autheur, lequel (si cét œuure est agreable au public) ne
sera de guere precedé par iceluy, mais le suiuira de
prés accōpagné des Zetetiques du mesme Autheur.
Or resolutiō d'vne puissance est trāsmuter vne equation qui se fait sous vne grandeur pure ou affectée, en
vne autre pure ou affecte, de laquelle la puissance soit
vn autre gére que la premiere, moindre ou majeure,
prenant le mot de resolution largement, autrement
cela se doit entēdre quād la puissance est resoluë, c'est
à dire transmutée en vne de moindre genre.

24. Pour l'exegetique, aux choses Geo-
metriques l'on eslit les effections plus canoni-
ques & regulieres, ausquelles sont expliquées
toutes les equations du costé & quarré.

25. Donnant ouuerture aux cubes, &
quarrés-quarrés, comme suppleant presque
à la Geometrie en ce qu'elle defaut.

L'Exegetique, és choses Geometriques, doit estre
faite par des effections plus canoniques, c'est à dire
effects plus canoniques & reguliers des Autheurs,
comme sont ceux d'Euclide & autres, qui se rencon-
trent

dans les œuures d'iceux : mais nous choisirons
ceux que l'Autheur a verifiez & mis en auant,
lesquels sont suffisans pour seruir en toutes les choses Geometriques & solutions Algebretiques &
Analityques, ausquelles sont expliquees toutes les
equations de costé & grandeurs seulement, donnant
ouuerture & entree aux cubes quarrez de quarrez, &
autres qui deriuent d'iceux, comme en dependant &
aydant à la Geometrie en ce qu'elle deffaut en ces
choses.

*Il est possible de quelque poinct donnè
mener vne ligne droicte, de laquelle le segment compris entre deux autres lignes donnees soit donné.*

*Cecy est vne concession tres fameuse, mais elle est seule-
ment* αἴτημα *demande &* δυσμήχανον *de difficile
inuention, laquelle jusques à present a esté dite* ἄλογα *sans
raison ; elle solut* ἐντεχνῶς *artificiellement le probleme
mesographie, comprenant la section de l'angle en trois parties egales, l'inuention du costé de l'heptagone, & autres
quelconques problemes tombant ès formules d'equations,
ausquelles les cubes sont comparés aux solides, le quarré-
quarré, au plans plans, soient purs, soient auec affection.*

Que l'angle puisse estre diuisé en trois parties
egales, si vne ligne droite est menée d'vn point donné, de laquelle le sequent compris entre deux autres
donnés soit donné, il est euident & sera demonstré.

Soit l'angle donné D B C sur le costé prolōgé DB, & au poinct B estant eleuée la perpédiculaire B H, & du mesme poinct B, comme centre descript le cercle AED, je dis que si du point C ou le costé B C est coupé par la circonférence du cercle est menée vne

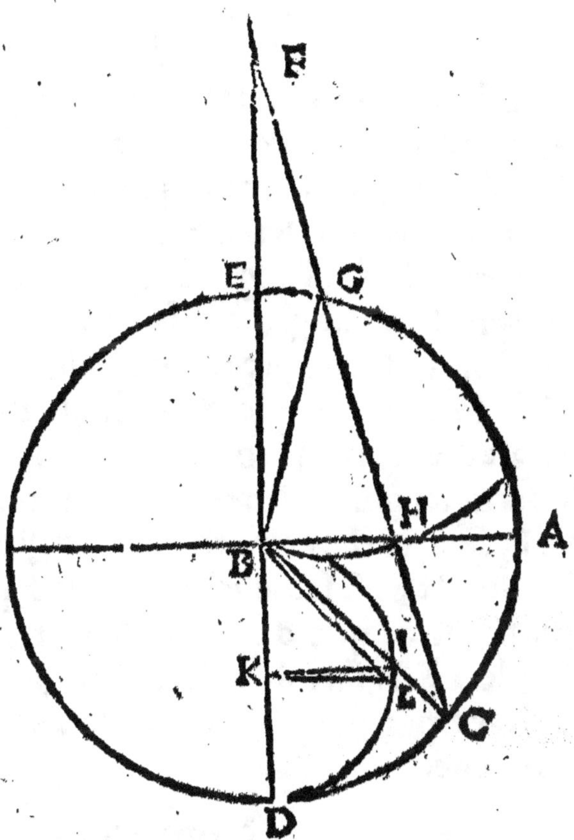

ligne droite de laquelle le segment compris entre les lignes BA BF, est egal au diametre, E D, je dis que l'angle B F H est egal au tiers de l'angle D B C.

L'angle en premier lieu sera moindre qu'vn droict ou plus grand ; qu'il soit moindre comme l'angle D B C, la construction demeurant comme dessus, le triangle F B C ayant son costé prolongé F B jusques en D, l'angle exterieur DBG est egal au deux B F C, B C F opposés interieur par la 32e. proposition du premier d'Euclide : Or du triangle GBC les angles sur la base sont egaux par la 5e. propo. 1. d'Eucl. estant ysocelle les costez d'iceluy BG, BC estans egaux, pareillement au triangle FGB les angles BFG, FBG sont egaux FG & BG estans egaux par la mesme 5e. propositiõ du premier d'Eucl.

Mais l'angle B G C externe est egal aux deux opposés internes GFB & GBF partant seront aussi mo-
tiez d'iceluy, & par consequent de son egal BCG ; &
partant puis que les angles F & BCF sont egaux à
l'externe DBC, l'angle F sera le tiers d'iceluy. Autrement que l'angle I K D soit donné plus grande
que l'angle droit apres auoir d'escript le demy cercle
B I D soit fait l'angle K B I lequel sera la moitié de
l'angle donné par la 30ᵉ. proposition du 3ᵉ. d'Euclide:
& partant comme il a esté cy-dessus demonstré l'angle F, sera la tierce partie de l'angle I B K. Si donc
l'angle DBz est fait egal à l'angle F par la 23. proposition 1ᵉ. & que du point K soit tirée la ligne Kz
l'angle I K L sera double de l'angle IBL, & partant
la tierce partie de I K D par la 16. proposition 5ᵉ.
d'Euclide.

Lemme.

Que du
triagle FBH
le costé FH
estant diuisé
en sortes que
BG soit ega-
lé à la moitié
de F H, le
point G di-
uisera la li-
gne en deux
egalement.

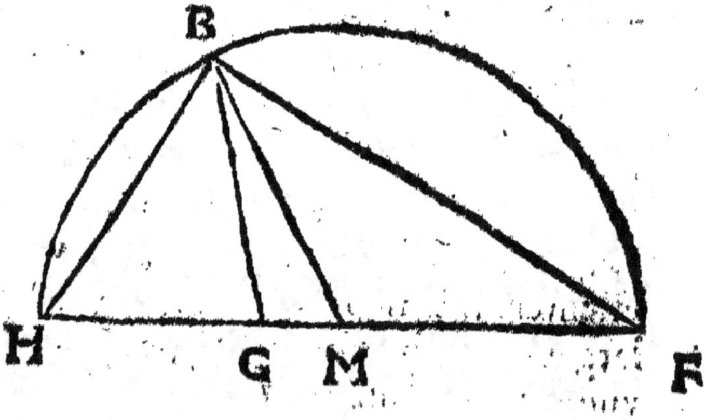

Que cela soit il est euident ; car ayant descript au
tour du triangle restagle vn cercle FH sera le diame-
re du cercle, & si du centre M est tirée la ligne M B,

icelle diuisera le triangle en deux triangles issocelles HBM, MBF, le costé BM estant egal au semidiametre, & par la construction egale au costé BG par la premiere commune sentence d'Euclide. Mais G est vn point au diametre lequel n'est pas le centre: donc la ligne G B sera inegale à BM par la 7e. proposition 3e. d'Euclide, & elle auoir esté posée egale, ce qui est absurde. Partant le point G diuisera la ligne HF en deux egalement, ce qu'il falloit demontrer.

26 *Mais quoy, dautant que toutes les grandeurs sont ou lignes, ou superficies, ou corps. La proportion d'vne triplée ou quadruplee raison, peut sufire en l'vsage des choses humaines, sinon par hazard en la section des angles, ou en la recherche des angles par les costés des figures, ou les costés par les angles.*

Tous ceux qui ont traité des choses Mathematiques n'ont jamais estably (comme aussi la nature y repugne) plus de 3. genres de grandeurs, sçauoir la ligne, la superficie, & le corps outre lesquels il ne s'en rencontre point, cela peut estre demonstré facilement, demeurant constant que tant la longueur, largeur, que profondité d'vne figure est mesurée par vne perpendiculaire (recy sera facilement conceu, dautant que la mesure de quelque chose doit estre tousjours certaine & arrestée, ce qui ne peut estre qu'en la perpédiculaire qui est vnique en la determination de quelque chose.) Or est-il qu'à vn mesme

point ne peuuent estre menees plus de 3. lignes per-
pendiculaires, lesquels ne sçauroient marquer que 3.
dimensions, sçauoir longueur, largeur, & profondité ; ce qui conuient au corps ou solide, & deux d'i-
celles, sçauoir longueur & largeur à la superficie, &
vne à la ligne. Cecy premis, ce que l'Autheur
dit que la proportion constituee de 3. ou 4. raisons
egales peut suffire aux choses qui arriuent entre les
hommes est aparent, pourautant que les Equations qui arriuent en la recherche des choses solides
proposées se peuuent resoudre du moins par l'inuention de 2. ou 3. moyennes proportionelles, c'est à
dire par la constitution de 4. ou 5. quantités continuelles proportionnelles. Or est-il que 4. grandeurs
continuelles proport constituent 3. raisons egales, &
5. grandeurs, 4. raisons egales. Donc telle proportion peut suffire ainsi que dit l'Autheur : mais en la
section des angles, ou bien en la recherche des angles
d'vne figure par les costés d'icelle, ou les costés par
les angles ils arriuent d'autres proportions comme il
se peut voir en la constitution des Equations ausquelles tombent la solution en la recherche de ces
choses. Il aduient neantmoins en quelques-vnes que
ces proportions peuuent suffire, comme en la diuision des angles en 2, 3, 4, parties egales, &c.

*27 Donc jusques à present le mystere
de la section des angles n'a esté cognu par
aucuns.*

Dautant qu'en l'inuention de la section des angles il arriue des Equations, lesquelles ne peuuent
estre resoluës que par des proportions de triplée,

quintuplée, &c. raiſon deſquelles l'inuention n'a encore eſté cognuë.

Eſtant donnée la raiſon des angles, donner la raiſon des coſtés.

Faire comme nombre à nombre, ainſi l'angle à l'angle.

28 *La ligne droite n'eſt comparée à la courbe, parce que l'angle eſt quelque choſe de moyen entre la ligne droite & vne figure plaine; c'eſt pourquoy la Loy des Homogenes eſt venuë repugner aux deux problemes precedens.*

Que l'angle ſoit moyen entre la ligne & la ſuperficie, il eſt euident : dautant que la ligne n'eſt
qu'vne ſimple longueur , & l'angle outre ce qu'il
participe de la ligne pour eſtre fait par l'inclination
d'icelle, il a de plus l'eſpace d'entre les lignes incli-
nées : car c'eſt cela qui eſt dit proprement angle ; &
cet eſpace participe de la ſuperficie ſans neantmoins
eſtre ſuperficie, en ce qu'elle eſt contenuë de deux
lignes par laquelle elle eſt terminée de deux coſtés,
& de l'autre indeterminée, ce qui l'empeſche d'eſtre
ſuperficie. C'eſt pourquoy puis que l'angle participe
& de la ligne ſans eſtre ligne, & de la ſuperficie ſans
eſtre ſuperficie, ayant quelque choſe ſelon le genre
des grandeurs moins que cete-cy & plus que cete-là;
Il s'enſuiura que l'angle ſera quelque choſe de
moyen entre la ligne droite & la ſuperficie, par conſ-

sequent incommunicable à la ligne droite. Il s'ensuit aussi, que la ligne ciculaire estant la mesure de l'angle, qu'elle sera incommunicable à la droite.

29 *Finalement l'art Analitic, introduit soubs la triple forme du Zetetique, Poristique & Exegetic, abrogé de son authorité, le plus ampoulé Probleme des Problemes, qui est,*

DONNER SOLVTION DE TOVT PROBLEME.

www.ingramcontent.com/pod-product-compliance
Lightning Source LLC
LaVergne TN
LVHW020213030726
842520LV00003B/1047